高职高专国家示范性院校课改教材

单片机应用技术项目化实训教程

彭 芬 主编

U0379725

西安电子科技大学出版社

内 容 简 介

本书按照项目化、任务驱动的方式编写，共包含 10 个项目：单片机应用实训平台、广告流水灯与显示牌(I/O 简单控制)、计数牌(数码管使用)、按键控制、LCD 显示系统、定时器/计数器使用、中断控制、单片机系统中的"通信与联络"、综合应用——可调节数字钟、四轮运动小车控制。

本书紧密结合高职高专的特点，内容尽量贴近电子行业的职业岗位要求，包含"高职高专单片机教学大纲"规定应掌握的所有知识点，用项目任务引导教与学，注重技能训练，具有很强的实用性和可读性。

本书可作为高职高专院校电子信息类和机电类的单片机课程实训教材，也可作为社会从业人员的业务参考书及培训用书。

图书在版编目(CIP)数据

单片机应用技术项目化实训教程 / 彭芬主编. —西安：西安电子科技大学出版社，2019.1
ISBN 978-7-5606-5136-1

Ⅰ. ①单… Ⅱ. ①彭… Ⅲ. ①单片微型计算机—教材 Ⅳ. ①TP368.1

中国版本图书馆 CIP 数据核字(2018)第 249508 号

策划编辑 邵汉平
责任编辑 宁晓青 邵汉平
出版发行 西安电子科技大学出版社(西安市太白南路 2 号)
电　话 (029)88242885 88201467 邮　编 710071
网　址 www.xduph.com 电子邮箱 xdupfxb001@163.com
经　销 新华书店
印刷单位 陕西利达印务有限责任公司
版　次 2019 年 1 月第 1 版 2019 年 1 月第 1 次印刷
开　本 787 毫米×1092 毫米 1/16 印 张 9
字　数 205 千字
印　数 1～3000 册
定　价 25.00 元

ISBN 978 - 7 - 5606 - 5136 - 1/TP

XDUP 5438001-1

如有印装问题可调换

前　言

高职教育强调"以能力为本位，以职业实践为主线，努力做到把理论知识嵌入实践教学中"。本书以项目任务引导教与学，体现教、学、做一体化的教学思想，内容按照高职"必需、够用"为度的原则，详略得当，具有一定的实用价值。

本书共包含 10 个项目，每个项目中包含 1～5 个任务，全书由 22 个任务组成，内容安排上充分考虑理论与实践相结合、硬件与软件相结合，方便读者逐步熟悉单片机硬件系统组成与设计，掌握单片机的基础知识以及软件开发平台的搭建与使用，由简到难逐步学会灵活运用，初步具有开发设计单片机应用系统产品的能力。

本书中采用的硬件平台硬件接线很灵活，书中给出的接线方式仅为示范，实际实训过程中不一定要完全按照书中的方式进行，可以由学生灵活设计硬件接线口，这对锻炼学生硬件设计规划能力和动手能力都有很大的帮助。若实际实验时遇到硬件与本书中不符的情况，读者可适当调整相应部分，或采用软件仿真的方式来进行，本书在项目一中也特意加入了仿真软件的部分内容。为鼓励拔尖和创新人才的涌现，本书特编写了思考与扩展部分，可实施因材施教、适当分层教学。本书采用了部分电子大赛中的内容作为教学补充，把比赛内容常规化，体现以赛促教。

本书采用校企合作的模式进行编写，由武汉职业技术学院的彭芬担任主编，对本书的编写思想与大纲进行总体策划及统稿，并编写了项目一～项目九，武汉莱斯特电子有限公司的张双飞编写了项目十。

由于编者水平有限，加之单片机技术发展迅速，书中疏漏和不妥之处在所难免，恳请广大读者批评指正。

编　者
2018 年 5 月

目　　录

项目一

单片机应用实训平台

项目介绍

本项目对单片机实训硬件平台和软件开发环境的搭建做了详细的介绍：在单片机实训硬件平台中，介绍了硬件平台的各组成部分以及 51 主控板的特点；在软件开发环境中，介绍了集成开发环境 Keil μVision、相应芯片的下载软件、驱动软件和仿真软件等四部分，包括它们的安装与使用。通过学习，可对单片机应用系统开发的软硬件环境有进一步的认识。

任务 1.1 了解实训硬件平台

1.1.1 实训硬件平台简介

本实训平台如图 1.1.1 所示，主要以智能小车为载体，以 STC12C5A60S2 单片机为核心控制单元，包含显示、按键输入、传感器数据采集、物联通信、运动控制等单元。本平台配置丰富、拓展性强。

图 1.1.1 实训平台

1. 智能小车实训平台

智能小车实训平台的主要特点如下：

(1) 本平台包含一辆四驱小车，小车配置了51主控板。

(2) 四驱小车使用了4个12 V直流减速电机，并配置了防滑轮胎，具有良好的控制性。

(3) 具有丰富的拓展性。小车上预留了丰富的外设端口，除能够组装为循迹小车外还能够拓展为WiFi遥控小车、红外遥控小车、自动避障小车、灭火小车等。

2. 单片机实验开发平台

单片机实验开发平台还配置了5块单片机实验扩展板，如图1.1.2所示，它们是AD/DA电路及简易交通灯电路、通信单元、显示单元、步进电机与直流电机驱动板、按键单元。

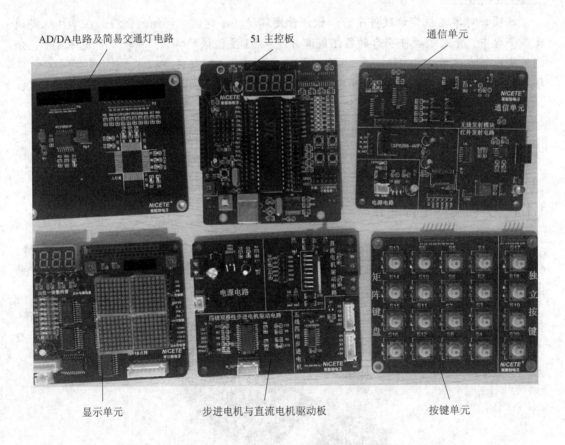

图 1.1.2 单片机实验扩展板

1) 步进电机与直流电机驱动板

步进电机与直流电机驱动板由电源电路、直流电机驱动电路、四线双极性步进电机驱动电路和五线四相步进电机驱动电路组成，实物如图1.1.3所示。

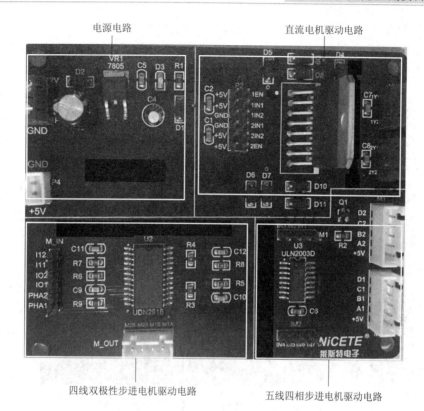

图 1.1.3 步进电机与直流电机驱动板

2) AD/DA 电路及简易交通灯电路

AD/DA 电路及简易交通灯电路由 AD 转换电路、DA 转换电路和简易交通灯电路组成，实物如图 1.1.4 所示。

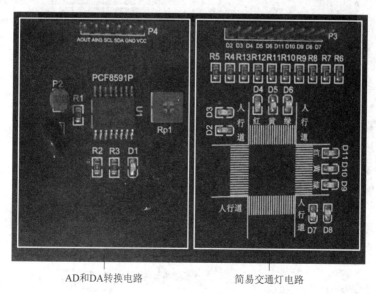

图 1.1.4 AD/DA 电路及简易交通灯电路

3) 通信单元

通信单元由无线发射电路、红外发射电路、2.4 G 通信模块(NRF24L01)等组成，实物如图 1.1.5 所示。

图 1.1.5　通信单元

4) 显示单元

显示单元由流水灯电路、4 位数码管电路、16×16 点阵电路、1602 液晶显示电路和 12864 液晶显示电路组成，实物如图 1.1.6 所示。

图 1.1.6　显示单元

5) 按键单元

按键单元由 4×4 矩阵键盘和 4 路独立按键组成，实物如图 1.1.7 所示。

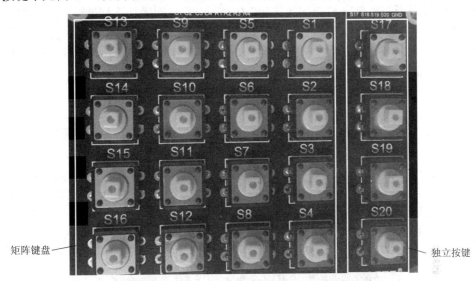

图 1.1.7　矩阵键盘及独立按键

3．传感器实验开发平台

传感器实验开发平台配置了多种常见的传感器(如表 1.1.1 所示)，可以实现传感器数据的采集、传输、显示以及控制运用。

表 1.1.1　传感器模块列表

传 感 器 名 称	数　目
温度传感器模块	1 个
火焰传感器模块	1 个
热释电传感器模块	1 个
超声波传感器模块	1 个
光敏传感器模块	1 个
声音传感器模块	1 个
红外避障传感器模块	1 个
温湿度传感器模块	1 个
电扇套件(带支架的)	1 套

1.1.2　认识 51 主控板

1．51 主控板

51 主控板上集成了流水灯、数码管、独立按键、蜂鸣器、下载电路等常用的外设模块，既能方便学习、实验，也可以利用板载资源单独构成一个小系统完成一些简单的任务。51

主控板预留了 LCD1602 显示屏、NRF24L01、ESP8266、机械臂等外设的接口，能方便快捷地拓展其功能。

51 主控板外形与各部分分布如图 1.1.8 所示，为了增加硬件连接的灵活性，40 个引脚均采用双排针，其中内侧排针直接与单片机的引脚相连，印制板上内外侧排针字符相同或外侧无字符时，表示内外侧排针已经连接；如果两侧排针字符不同，则表示内外侧不连接，此时主控芯引脚可以引出，可根据需要进行连接。

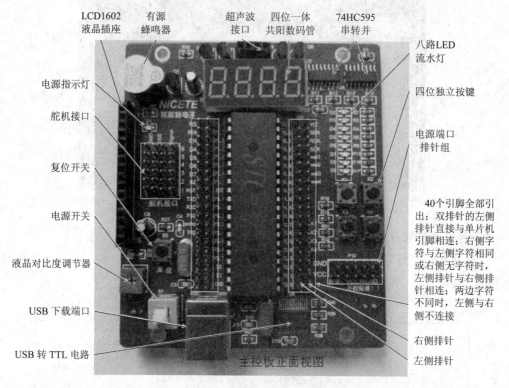

图 1.1.8　51 主控板外形与各部分分布

51 主控板底面有主控电源输入口和舵机电源输入口，如图 1.1.9 所示。注意：使用相关部分时需要外接电源从主控板电源输入口和舵机电源输入口输入。

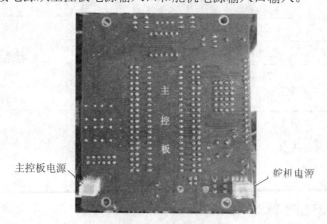

图 1.1.9　51 主控板底面图

2. 主控芯片 STC12C5A60S2

STC12C5A60S2 系列单片机是宏晶科技生产的单时钟/机器周期(1T)的单片机,是高速/低功耗/超抗干扰的新一代 8051 单片机,指令代码完全兼容传统 8051,但速度快 8～12 倍。其主要特点如下:

(1) 增强型 8051 CPU,单时钟/机器周期,指令代码完全兼容传统 8051。

(2) STC12C5A60S2 系列工作电压为 3.5～5.5 V。

(3) 工作频率范围为 0～35 MHz,相当于普通 8051 的 0～420 MHz。

(4) 用户应用程序空间为 60 KB。

(5) 片上集成 1280 B RAM。

(6) 包含 40 个通用 I/O 口,复位后为准双向口/弱上拉(普通 8051 传统 I/O 口),可设置成四种模式:准双向口/弱上拉、推挽/弱上拉、仅为输入/高阻、开漏。每个 I/O 口驱动能力均可达到 20 mA,但整个芯片最大不能超过 120 mA。

(7) 时钟源:包含外部高精度晶体/时钟和内部 R/C 振荡器(温漂为±5%～±10%),用户在下载用户程序时,可选择是使用内部 R/C 振荡器还是外部晶体/时钟。常温下内部 R/C 振荡器频率为 11～17 MHz。精度要求不高时,可选择使用内部时钟,但因有制造误差和温漂,故以实际测试为准。

(8) 共 4 个 16 位定时器:两个与传统 8051 兼容的定时器/计数器及 16 位定时器 T0 和 T1,没有定时器 2,但有独立波特率发生器做串行通信的波特率发生器;再加上 2 路 PCA 模块可再实现 2 个 16 位定时器。

(9) 3 个时钟输出口,可由 T0 的溢出在 P3.4/T0 输出时钟;可由 T1 的溢出在 P3.5/T1 输出时钟;独立波特率发生器可以在 P1.0 口输出时钟。

(10) 7 路外部中断 I/O 口,传统的下降沿中断或低电平触发中断,并新增支持上升沿中断的 PCA 模块,Power Down 模式可由外部中断唤醒:INT0/P3.2、INT1/P3.3、T0/P3.4、T1/P3.5、RxD/P3.0、CCP0/P1.3、CCP1/P1.4。

(11) PWM(2 路)/PCA(可编程计数器阵列,2 路)可用来当 2 路 D/A 使用,也可用来再实现 2 个定时器,还可用来再实现 2 个外部中断(上升沿中断/下降沿中断均可分别或同时支持)。

(12) A/D 转换,10 位精度 ADC,共 8 路,转换速度可达 250 K/s。

(13) 通用全双工异步串行口(UART),由于 STC12 系列是高速的 8051,可再用定时器或 PCA 软件实现多串口。

(14) STC12C5A60S2 系列有双串口,后缀有 S2 标志的才有双串口,即 RxD2/P1.2(可通过寄存器设置到 P4.2)和 TxD2/P1.3(可通过寄存器设置到 P4.3)。

任务 1.2　驱动软件及安装

51 主控板烧写程序使用的是 USB 转串口芯片 PL2303,为了让计算机能识别 51 主控板,需要为计算机安装 PL2303 的驱动程序。在 PL2303 驱动(USB 转串口驱动)目录下双击

"PL2303_Prolific_DriverInstaller_v110.EXE"，出现如图 1.2.1 所示的界面，单击"下一步"按钮，即开始安装驱动。

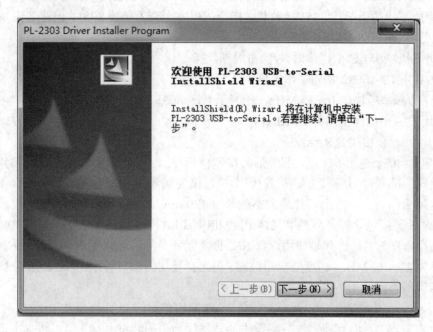

图 1.2.1　PL2303 驱动程序安装界面

等待安装完成，出现如图 1.2.2 所示界面，点击"完成"即可。

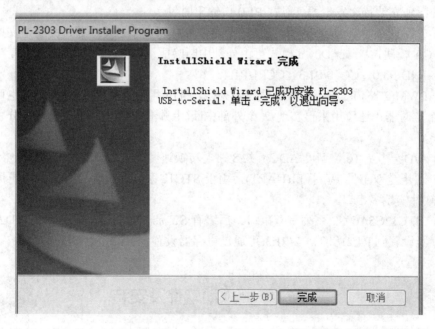

图 1.2.2　PL2303 驱动程序安装完成界面

用 D 型口 USB 线缆连接计算机和 51 主控板，电脑调试发现硬件并开始安装驱动程序，点击可以看到正在安装驱动，如图 1.2.3 所示。

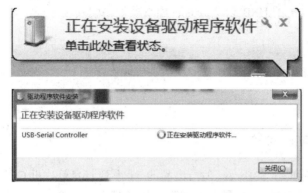

图 1.2.3 PL2303 驱动程序正在安装界面

　　驱动安装完成后,将生成 COM 号。然后选中桌面上的计算机图标,右键选择"管理(G)",如图 1.2.4 所示,就会出现一个计算机管理窗口,如图 1.2.5 所示。在此窗口中点击"设备管理器",在窗口右边出现的相关设备中点击"端口",出现如图 1.2.6 所示的界面,在端口下可以看到"Prolific USB-to-Serial Comm Port(COM3)",说明计算机已经识别出 51 主控板上的串口了,串口号为 COM3(计算机上不同的 USB 端口,对应的串口号也是不同的)。

图 1.2.4 查看计算机管理

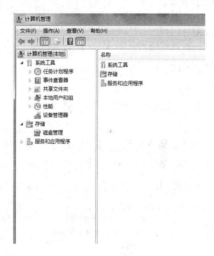

图 1.2.5 计算机管理窗口

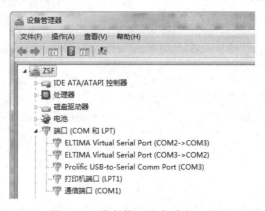

图 1.2.6 设备管理器查看串口号

至此，51 主控板上的 USB 转串口的芯片驱动程序就安装完成了。

任务 1.3　Keil μVision4

1.3.1　Keil μVision4 简介

Keil C51 是美国 Keil Software 公司出品的 51 系列兼容单片机 C 语言软件开发系统。Keil C51 提供了 C 编译器、宏汇编、连接器、库管理器和一个功能强大的仿真调试器，并通过一个集成开发环境(Keil μVision)将这些部分组合在一起。目前其最新版本为 Keil μVision5。

如果单片机开发者用户使用 C 语言编程，那么 Keil 几乎就是不二之选。即使不使用 C 语言而仅用汇编语言编程，其方便易用的集成环境、强大的软件仿真调试工具也会令人事半功倍。

在调试过程中，开发环境可以对电路和程序进行纠错、调试和运行，掌握单片机开发环境的使用是学习单片机的第一步。

本任务从安装配置 Keil C51 开始，逐步建立单片机开发环境，通过实例体验 Keil C51 集成开发环境的使用方法。

1.3.2　Keil μVision4 的安装

以 Keil C51 V9.52 软件为例介绍如何安装 Keil C51 μVision4 集成开发环境。

(1) 在 Keil C51 V9.52 软件目录下双击安装软件"Setup.exe"，即开始安装 Keil 软件。首先弹出如图 1.3.1 所示的安装欢迎界面，单击"Next"按钮。

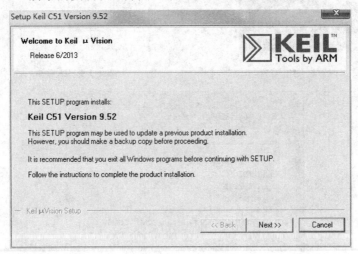

图 1.3.1　安装欢迎界面

(2) 勾选同意协议(如图 1.3.2 所示)，继续单击"Next"按钮。

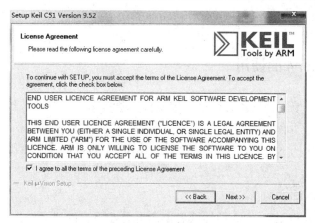

图 1.3.2　勾选同意协议

(3) 选择对应的安装目录，默认路径为 C:\Keil，用户也可以单击"Browse"按钮选择合适自己的安装目录，确认目录后单击"Next"按钮，如图 1.3.3 所示。

图 1.3.3　安装路径设置对话框

(4) 在界面中，输入序列号、姓名和公司名等用户信息，如图 1.3.4 所示。输入正版 SN 码，"First Name"、"Last Name"、"Company Name"文本框可以任意填写，确认后单击"Next"按钮等待安装完成。

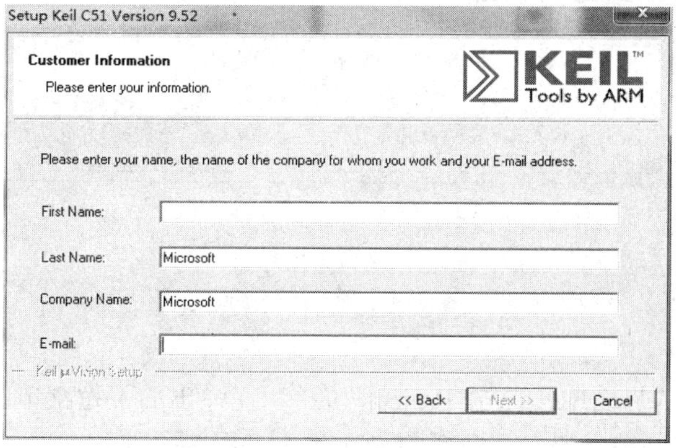

图 1.3.4　输入用户信息对话框

(5) 在其后出现的界面单击"完成"按钮即完成安装。

1.3.3　Keil μVision4 的使用

Keil μVision4 是使用工程的方法来管理文件，源程序(C 程序、汇编程序)、头文件以及说明性的技术文档等所有的文件都是由工程统一管理的。

下面用实例来说明 Keil μVision4 的使用，用 Keil μVision4 软件创建一个新的工程文件LED。

1．启动 Keil μVision4

双击桌面上的 Keil μVision4 图标或者单击屏幕左下方的"开始"→"程序"→"Keil μVision4"，进入 Keil μVision4 集成环境。

2．进入工作界面

Keil μVision4 的工作界面是标准的 Windows 界面，包括标题栏、菜单栏、标准工具栏、代码窗口等。图 1.3.5 所示的是第一次开启该软件时的界面，以后开启的界面中可能有工程文件打开，这时可通过菜单"Project"中的"Close Project"命令关闭该工程文件，返回到图 1.3.5 所示的界面。

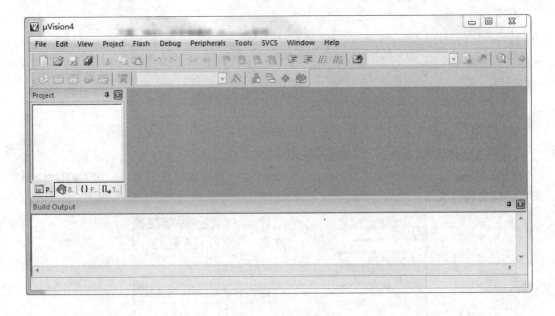

图 1.3.5　工作界面

3．新建工程

在图 1.3.5 所示的界面中，单击"Project"菜单，在弹出的下拉菜单中选中"New μVision Project"选项(见图 1.3.6)，建立一个新的μVision4 工程。

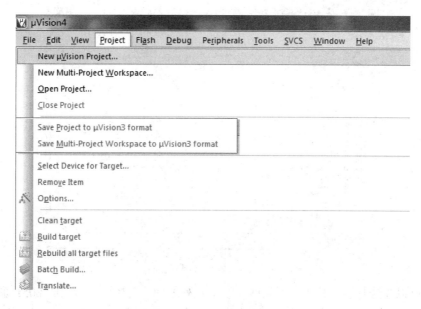

图 1.3.6 工程新建界面

在图 1.3.7 所示的新建工程对话框中，需要给自己的工程取一个名称，工程名应便于记忆且文件名不易太长(例中为 LED)，选择工程存放的路径，工程文件的扩展名为.uvproj。在完成所有的输入和选择后，单击"保存"按钮，即建立了新的工程。

图 1.3.7 新建工程对话框

4. CPU 型号的选择

在工程建立完毕之后，会立即弹出如图 1.3.8 所示的器件选择对话框。

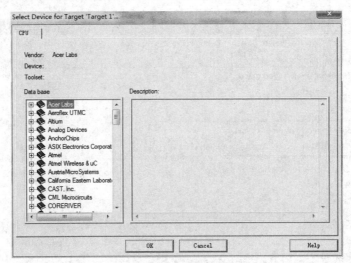

图 1.3.8 器件选择对话框

用户可以先选择生产厂家，再从展开的型号列表中，选择调试所用的 8051 系列芯片型号，比如 AT89C51，在型号列表的右侧有当前选中的 CPU 的特性说明，从中可以了解芯片的基本特性。有时实际使用芯片在列表中没有，可以找一个与其管脚兼容的芯片替代。用户也可以通过"Project"菜单下的"Select Device for target 'Target 1'"命令，随时更改 CPU 的型号。

到现在为止，用户已经建立了一个空白的工程文件，并为该项目选择好了 CPU，如图 1.3.9 所示。

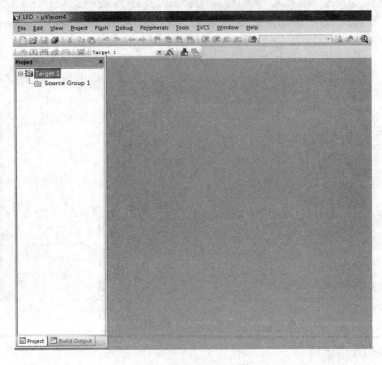

图 1.3.9 空白工程文件

5. 新建源程序文件

工程虽然已经创建好了，还没有写一行代码，因此还需要建立相应的 C 文件或汇编文件。在图 1.3.9 所示的界面中，单击"File"菜单，会出现如图 1.3.10 所示的下拉菜单。在此下拉菜单中单击"New"选项来新建一个 C 文件，出现如图 1.3.11 所示的界面。

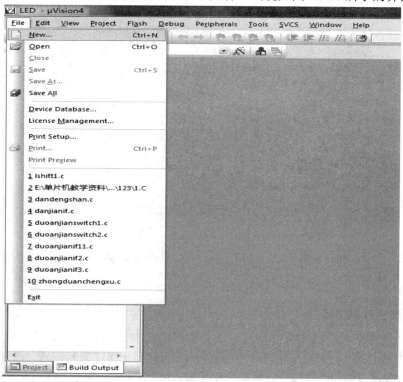

图 1.3.10 新建源程序文件界面

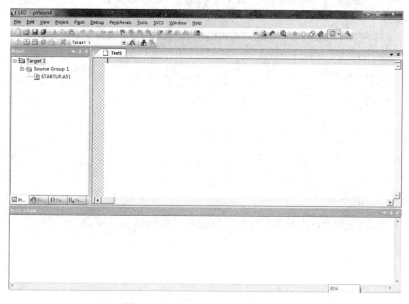

图 1.3.11 新建 C 文件后的界面

此时光标在编辑窗口内闪烁，表明可以在编辑窗口中键入用户的应用程序了，不过，通常应在键入用户程序前先保存该空白的文件，单击"File"菜单，再在下拉菜单中单击"Save AS"选项，出现如图 1.3.12 所示的界面。注意文件保存时文件的后缀名，如果是 C 语言编写程序，则扩展名为.c；如果用汇编语言编写程序，则扩展名必须为.asm。然后单击"保存"按钮。

图 1.3.12　保存文件对话框

6. 添加文件到工程

上面只是建立了源程序文件而已，还必须将它添加到 LED 工程中，单击工程窗口"Target 1"前面的"＋"号，在展开的"Source Group 1"上单击鼠标右键，选择"Add Files to Group 'Source Group 1'"命令(如图 1.3.13 所示)后会弹出如图 1.3.14 所示的添加 C 文件的对话框。选中"led.c"，然后单击"Add"按钮，即可添加该 C 文件。添加后的界面如图 1.3.15 所示。

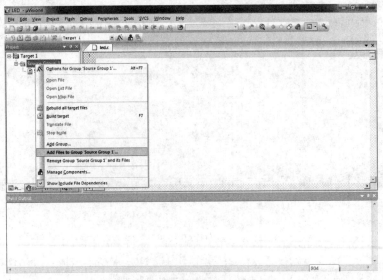

图 1.3.13　添加文件到工程菜单

图 1.3.14　添加 C 文件的对话框

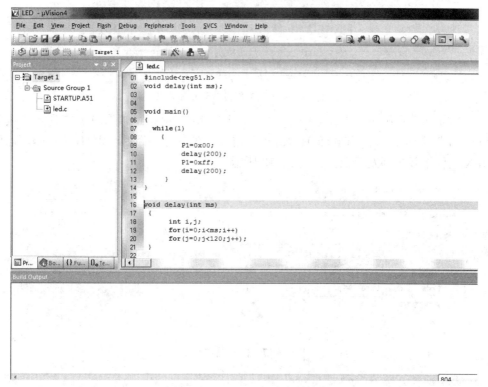

图 1.3.15　添加完成后的界面

在输入程序时，Keil C51 会自动识别关键字，并以不同的颜色提示用户加以注意，这样会在使用过程中少犯错误，有利于提高编程效率。若新建的文件没有事先保存，Keil 是不会自动识别关键字的，也不会有不同颜色出现。

7．设置工程

单击"Project"菜单，再在下拉菜单中单击"Options for Target'target1'"或者直接单击单片机工具栏上的 快捷图标，即出现工程设置对话框，如图 1.3.16 所示。这个对话框共有 10 个页面，大部分设置项都取默认值，此处不详细介绍，只介绍和本项目相关的两个页面的设置方法。

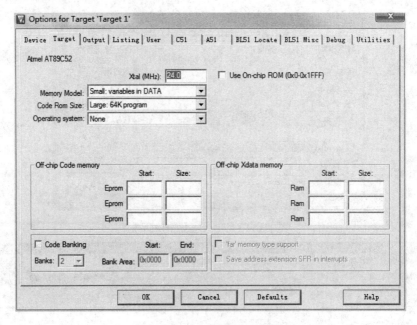

图 1.3.16　工程设置对话框

在"Target"页面中，更改晶振频率(如改成 12 MHz 晶振)，如图 1.3.17 所示。接下来在"Output"页面中选中"Create HEX File"选项，使程序编译后产生 HEX 代码，以便将此 HEX 文件下载到开发板上，如图 1.3.18 所示。

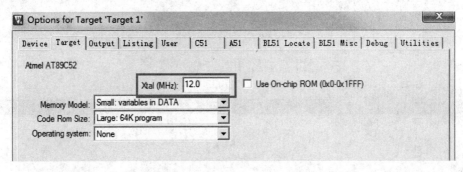

图 1.3.17　修改晶振频率

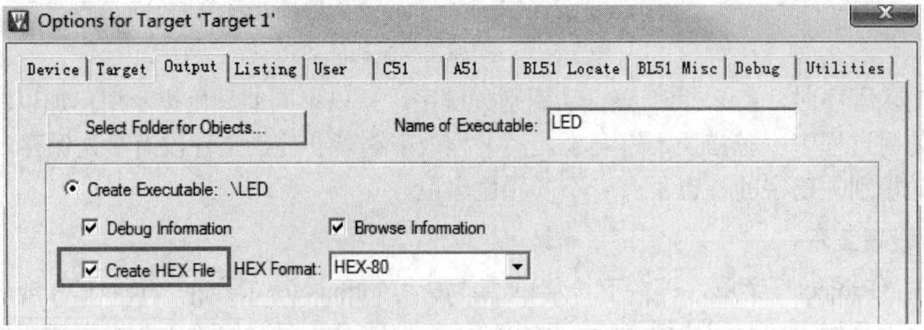

图 1.3.18　生成可执行代码文件

至此，设置工作已完成。

8. 编译、连接、生成可执行文件

依次单击图 1.3.19 中的图标，如果没有语法错误，将会生成可执行文件，如图 1.3.20 所示，"LED"-0Error(s)表示已经从 LED 项目中产生了名字为"LED"的可执行文件。

图 1.3.19　编译、连接、生成可执行文件图标

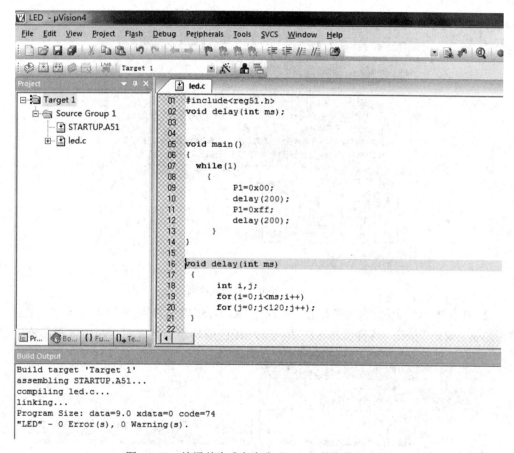

图 1.3.20　编译并生成名字为"LED"的可执行文件

当然，如果编译时出现错误，需要不断进行软件调试，直至没有语法错误，并生成可执行文件。

任务 1.4　STC-ISP 下载软件的使用

1.4.1　添加 STC MCU 型号

实训平台上 51 主控板使用的单片机为 STC 公司生产的 STC12C5A60S2，在编辑、编

译 STC 系列单片机应用程序时，可选择任意厂家的 51 或 52 系列单片机，再用汇编或 C 语言对 STC 系列单片机新增特殊功能寄存器进行定义，也可以通过 STC-ISP 下载工具将 STC 型号 MCU 添加到 Keil μVision4 的设备库中。

1. 在 Keil μVision4 的设备库中增加 STC 型号 MCU

(1) 打开 STC-ISP 下载编程工具的软件 STC-ISP-15XX-V6.85，选择"Keil 仿真设置"页面，点击该页面中的"添加型号和头文件到 Keil 中"按钮。

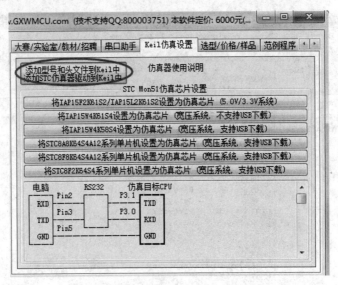

图 1.4.1　Keil 仿真设置界面

(2) 在弹出的"浏览文件夹"对话框中选择"Keil-v5"安装目录(一般可能为"C：\Keil")，然后单击"确定"按钮，这样就将 STC 型号的 MCU 成功添加到 Keil μVision4 设备库中了。

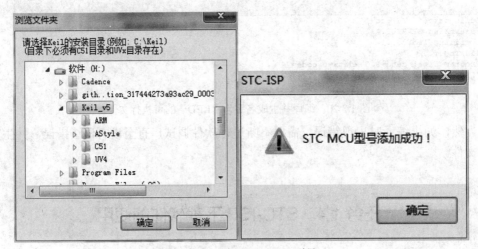

图 1.4.2　添加 STC MCU 型号

2. 在新建的项目中添加 STC 型号 MCU 进行开发、编译、调试用户程序

(1) 启动 Keil μVision4，建立一个新工程并保存，弹出"Select a CPU Data Base File"

对话框，如图 1.4.3 所示。该对话框中有"通用 CPU 数据库(Generic CPU Data Base)"和 "STC MCU 数据库(STC MCU Database)"两个选项。

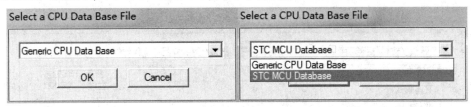

图 1.4.3 选择 CPU 数据库

实训平台上使用的 51 单片机为 STC12C5A60S2，那么就在这里选择"STC MCU Database"，单击"OK"按钮确定。

(2) 在上一步"Select a CPU Data Base File"后弹出"Select Device for Target1'..."对话框，如图 1.4.4 所示。因为上一步选择了"STC MCU Database"，所以显示的 MCU 型号全为 STC 型号，可以在左侧的型号列表中选择自己所使用的具体单片机型号。

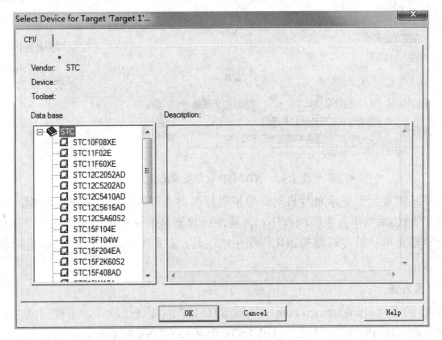

图 1.4.4 型号选择

通过上述两步，实现了在新建的项目中添加 STC 型号 MCU 进行开发、编译、调试用户程序，之后的步骤参照任务 1.3 中 Keil μVision4 的使用方法即可。

1.4.2 STC-ISP 软件简介

1. 主要作用

STC-ISP 是一款功能丰富的单片机烧录软件，也就是单片机的设计制作工具，是针对 STC 系列单片机设计的，可下载 STC15/12/11/10/89/90 等系列的 STC 单片机程序。

STC-ISP 软件上集成了串口助手、范例程序、波特率计算器、定时器计算器、软件延时计算器、头文件等非常实用的功能，如图 1.4.5 所示。

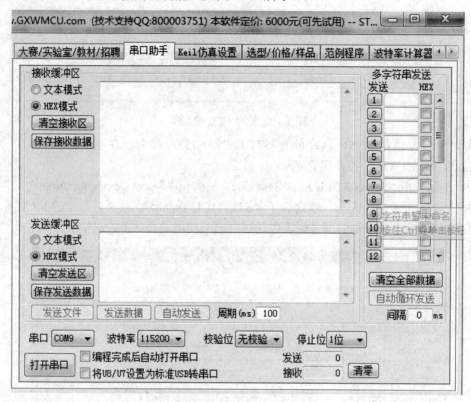

图 1.4.5 STC-ISP 软件集成的工具

串口助手主要用于显示单片机与计算机进行串口通信时接收、发送的数据；范例程序主要提供了 STC 系列单片机范例程序；波特率计算器是单片机串口初始化程序生成工具；定时器计算器是单片机定时器初始化程序生成工具。头文件功能包含了 STC 系列单片机的头文件。

2. 安装方法

在 STC 的官网 www.stcmcu.com 上下载 STC-ISP 编程烧录软件，下载完成之后，直接解压即可。在 STC-ISP 软件目录下双击"STC-ISP-15XX-V6.85.exe"，就可以打开 STC-ISP 软件了。

3. 程序的烧录

程序的烧录即将已经编译好的程序文件刻录到单片机的 ROM/FLASH 中，也就是把之前生成好的 HEX 文件下载到单片机中。注意下载程序时需要短接 P3.0 与 TXD、P3.1 与 RXD。

(1) 51 主控板需要接上 5 V 电源(把电源通过主控板背面的 VCC、GND 接入)，然后将 D 型口 USB 下载线连接到主控板上，如图 1.4.6 所示。

(2) 打开 STC-ISP 软件，如图 1.4.7 所示，选择单片机型号为"STC12C5A60S2"，串口号选择"Prolific USB-to-Serial Comm Port(COM3)"，其他保持默认设置。

图 1.4.6　连接核心板和计算机　　　　图 1.4.7　STC-ISP 配置

（3）单击"打开程序文件"按钮，找到并打开需要烧录的 hex 文件，hex 文件将以项目工程名出现在工程目录中，如图 1.4.8 所示。

图 1.4.8　选择需要下载的可执行文件 hex

（4）如图 1.4.9 所示，单击"下载/编程"按钮，就会出现如图 1.4.10 所示的烧录过程界面以及如图 1.4.11 所示的烧录完成界面。

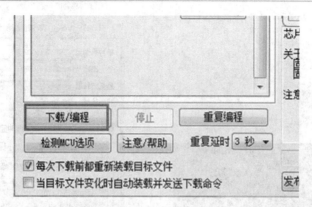

图 1.4.9　点击"下载/编程"

注意：STC 单片机下载程序需要冷启动，单片机需要先断电，然后给单片机上电复位。断开主控板自锁开关 S7，然后闭合自锁开关 S7(程序下载需要对主控板断一下电)。

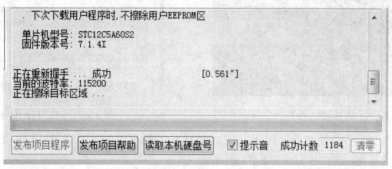

图 1.4.10　程序烧录过程界面

图 1.4.11　程序烧录完成界面

任务 1.5　仿真软件 Proteus ISIS 的使用

Proteus ISIS 是英国 Labcenter 公司开发的电路分析与实物仿真软件。它运行于 Windows 操作系统上，可以仿真、分析(SPICE)各种模拟器件和集成电路，该软件的特点是：

(1) 实现了单片机仿真和 SPICE 电路仿真相结合。具有模拟电路仿真、数字电路仿真、单片机及其外围电路组成的系统仿真、RS232 动态仿真、I^2C 调试器、SPI 调试器、键盘和

LCD 系统仿真的功能；有各种虚拟仪器，如示波器、逻辑分析仪、信号发生器等。

(2) 支持主流单片机系统的仿真。目前支持的单片机类型有：68000 系列、8051 系列、AVR 系列、PIC12 系列、PIC16 系列、PIC18 系列、Z80 系列、HC11 系列以及各种外围芯片。

(3) 提供软件调试功能。在硬件仿真系统中具有全速、单步、设置断点等调试功能，同时可以观察各个变量、寄存器等的当前状态，因此在该软件仿真系统中，也必须具有这些功能；同时支持第三方的软件编译和调试环境，如 Keil C51 μVision4 等软件。

(4) 具有强大的原理图绘制功能。

总之，该软件是一款集单片机和 SPICE 分析于一身的仿真软件，功能极其强大。

1.5.1 工作界面

1. 进入 Proteus ISIS

双击桌面上的 ISIS 6 Professional 图标或者单击屏幕左下方的"开始"→"程序"→"Proteus 6 Professional"→"ISIS 6 Professional"，出现如图 1.5.1 所示的界面，表明进入 Proteus ISIS 集成环境。

图 1.5.1　Proteus 运行界面

2. 工作界面简介

Proteus ISIS 的工作界面是一种标准的 Windows 界面，如图 1.5.2 所示，包括标题栏、主菜单、标准工具栏、绘图工具栏、文件列表状态栏、对象选择按钮、方向工具栏、仿真进程控制栏、预览窗口、对象选择器窗口、图形编辑窗口等。

(1) 图形编辑窗口：用来绘制原理图，也称为原理图编辑窗口。方框内为可编辑区，元件要放到它里面。注意：这个窗口没有滚动条，可用预览窗口来改变原理图的可视范围。

(2) 预览窗口：可显示两个内容。一个是当在元件列表中选择一个元件时，会显示该元件的预览图；另一个是当鼠标焦点落到原理图编辑窗口时(即放置元件到原理图编辑窗口后或在原理图编辑窗口中点击鼠标后)，会显示整张原理图的缩略图，并会显示一个绿色的方框，绿色方框里面的内容就是当前原理图窗口中显示的内容。

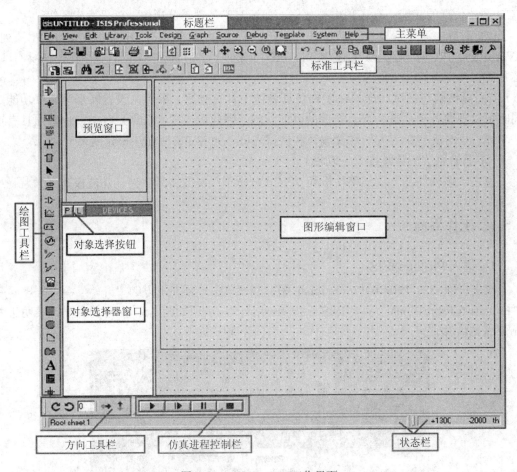

图 1.5.2　Proteus ISIS 工作界面

(3) 绘图工具栏：

◆ 主要模型：

选择元件(Components)(默认选择的)；

放置连接点；

放置标签(用总线时会用到)；

放置文本；

用于绘制总线；

用于放置子电路；

用于即时编辑元件参数(先单击该图标再单击要修改的元件)。

◆ 配件：

终端接口(Terminals)：有 VCC、地、输出、输入等接口；

器件引脚：用于绘制各种引脚；

仿真图表(Graph)：用于各种分析，如 Noise Analysis(噪声分析)；

录音机；

信号发生器(Generators)；

电压探针：使用仿真图表时要用到；

电流探针：使用仿真图表时要用到；

虚拟仪表：有示波器等。

◆ 2D 图形： / ■ ● ◗ ❈ A ⑤ ✛ 。

画各种直线；

画各种方框；

画各种圆；

画各种圆弧；

画各种多边形；

画各种文本；

画符号；

画原点等。

(4) 方向工具栏：包括旋转和翻转。

旋转： C ⟳ ⓪ ，旋转角度只能是 90 的整数倍。

翻转： ↔ ↕ ，完成水平翻转和垂直翻转。

使用方法：先右键单击元件，再单击相应的旋转图标。

(5) 仿真进程控制栏：包括 4 个按钮。

▶ 运行；

▐▶ 单步运行；

▐▐ 暂停；

■ 停止。

1.5.2 基本操作

1. 绘制原理图

绘制原理图要在原理图编辑窗口中的蓝色方框内完成。

1) 原理图编辑窗口的操作

原理图编辑窗口的操作不同于常用的 Windows 应用程序的，正确的操作是：用左键放置元件；用右键选择元件；双击右键删除元件；用右键拖选多个元件；先右键后左键编辑元件属性；先右键后左键拖动元件；连线用左键，删除用右键；改连接线是先右击连线，再左键拖动；中键缩放原理图。

2) 绘制的原理图基本步骤

(1) 添加元件到元件列表。点击如图 1.5.3 所示的对象选择按钮"P"，在出现的元件列表寻找相应元件。

图 1.5.3　元件对象选择

如果知道元件的名称，则直接在"Keyword"中输入其名称即可找到，如图 1.5.4 所示。

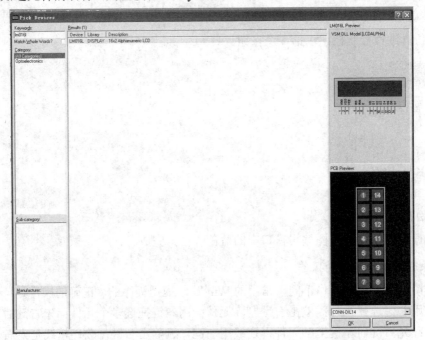

图 1.5.4　元件对象关键字搜索

(2) 放置元件到原理图编辑窗口，如图 1.5.5 所示。

补充：放置元件时要注意所放置的元件应放到图形编辑窗口的蓝色方框内，如果不小心放到外面，由于在外面鼠标用不了，要用菜单"Edit"的"Tidy"来清除，方法很简单，只需单击"Tidy"即可。

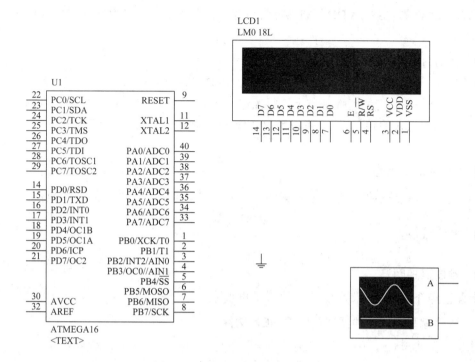

图 1.5.5 原理图编辑窗口放置元件

（3）连线。在原理图编辑窗口已经放置了元件的基础上，把各元件的相应接口进行连线，如图 1.5.6 所示。

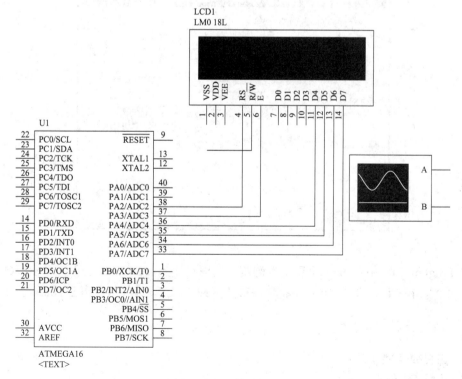

图 1.5.6 元件之间连线

AVR、LCD 的 VSS、VDD、VEE 不需连接，默认 VSS=0 V、VDD=5 V、VEE=–5 V、GND=0 V。

2．定制自己的元件

定制自己的元件有三个实现途径：一是用 PROTEUS VSM SDK 开发仿真模型，并制作元件；另一个是在已有的元件基础上进行改造，比如把元件改为 bus 接口的；还有一个是利用已制作好(别人的)的元件，可以到网上下载一些新元件并把它们添加到自己的元件库中。

3．Sub-Circuits 应用

用一个子电路可以把部分电路封装起来，这样可以节省原理图窗口的空间。

1.5.3 应用过程

1．绘制原理图

上面已经介绍过原理图的绘制，这里不再重述。

2．程序编写完成软件调试并生成 HEX 文件

此步骤在 Keil C51 中完成。

3．添加仿真文件

先右键单击 ATMEGA16 再单击左键，出现如图 1.5.7 所示的对话框。

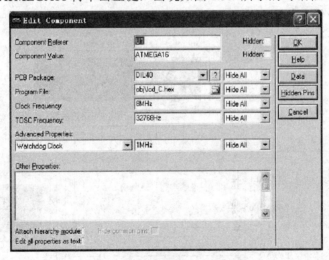

图 1.5.7　添加仿真文件对话框

在 Program File 中单击 [图标] 出现文件浏览对话框，找到 lcd_C.hex 文件，单击"OK"完成添加文件，在 Clock Frequency 中把频率改为 8 MHz，单击"OK"退出。

4．仿真

单击仿真按钮 [▶] 开始仿真，出现如图 1.5.8 所示的仿真界面。

5．源代码调试

在步骤 Keil C51 中完成。

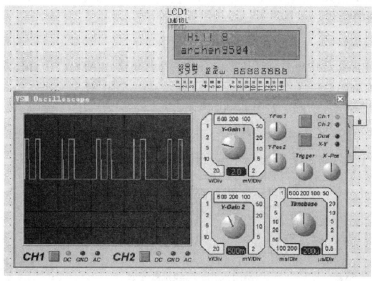

图 1.5.8 仿真界面

1.5.4 应用实例

下面以一个简单的实例来完整地展示一个 KeilC 与 Proteus 相结合的仿真过程。

1. 单片机电路设计

电路的核心是单片机 AT89C51。单片机的 P1 口 8 个引脚接 LED 显示器的段选码(a、b、c、d、e、f、g、dp)的引脚上,单片机的 P2 口 6 个引脚接 LED 显示器的位选码(1、2、3、4、5、6)的引脚上,实现 LED 显示器的选通并显示字符,电阻起限流作用,总线使电路图变得简洁,如图 1.5.9 所示。

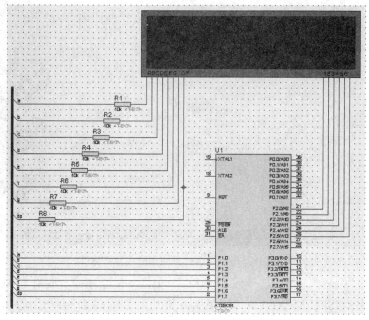

图 1.5.9 硬件电路图

2．原理图的绘制

1) 将所需元器件加入到对象选择器窗口

从上面的电路设计中可看出所需要的元件有单片机芯片 AT89C51、LED 数码管显示器 (7SEG-MPX6-CA-BLUE：6 位共阳 7 段 LED 显示器)、电阻 RES、总线。

单击对象选择器按钮，如图 1.5.10 所示。

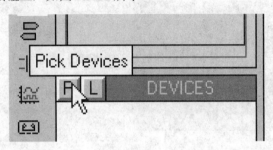

图 1.5.10　对象选择工具

弹出"Pick Devices"页面，在"Keywords"栏中输入"AT89C51"，系统在对象库中进行搜索查找，并将搜索结果显示在"Results"中，如图 1.5.11 所示。在"Results"栏的列表项中双击"AT89C51"，则可将"AT89C51"添加至对象选择器窗口。

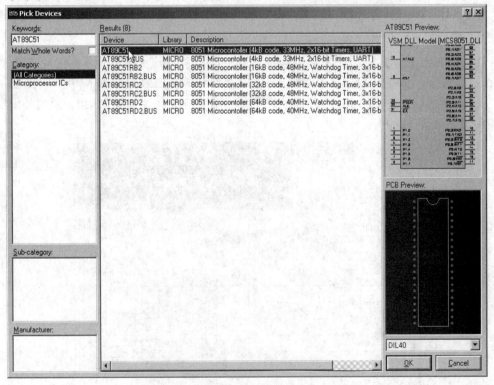

图 1.5.11　在对象选择界面选择相应对象(1)

接着在"Keywords"栏中重新输入"7SEG"，如图 1.5.12 所示。双击"7SEG-MPX6 CA BLUE"，则可将"7SEG-MPX6-CA-BLUE"(6 位共阳 7 段 LED 显示器)添加至对象选择器窗口。

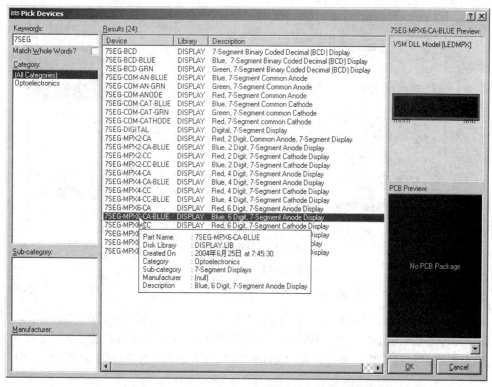

图 1.5.12　在对象选择界面选择相应对象(2)

　　最后，在"Keywords"栏中重新输入"RES"，选中"Match Whole Words"，如图 1.5.13 所示。在"Results"栏中获得与"RES"完全匹配的搜索结果。双击"RES"，则可将"RES"(电阻)添加至对象选择器窗口。单击"OK"按钮，结束对象选择。

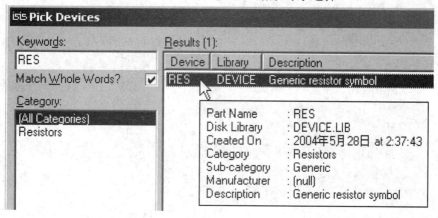

图 1.5.13　在对象选择界面选择相应对象(3)

　　经过以上操作，在对象选择器窗口中，已有了"7SEG-MPX6-CA-BLUE"、"AT89C51"、"RES"三个元器件对象。若单击"AT89C51"，则在预览窗口中可见到"AT89C51"的实物图，如图 1.5.14(a)所示；若单击"RES"或"7SEG-MPX6-CA-BLUE"，则在预览窗口中可见到"RES"和"7SEG-MPX6-CA-BLUE"的实物图，如图 1.5.14(b)、(c)所示。此时，可注意到在绘图工具栏中的元器件按钮处于选中状态。

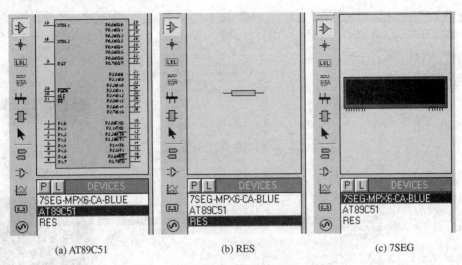

(a) AT89C51   (b) RES   (c) 7SEG

图 1.5.14　元件实物图

2) 放置元器件至图形编辑窗口

放置元器件至图形编辑窗口，如图 1.5.15 所示。在对象选择器窗口中，选中"7SEG-MPX6-CA-BLUE"，将鼠标置于图形编辑窗口该对象的欲放位置，然后单击鼠标左键，该对象即被放置完成。同理，将"AT89C51"和"RES"放置到图形编辑窗口中。

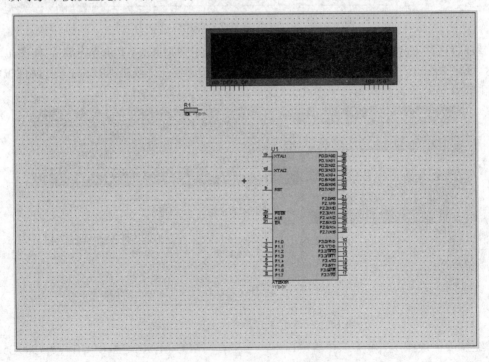

图 1.5.15　在原理图编辑窗口放置元器件

若对象位置需要移动，可将鼠标移到该对象上，单击鼠标右键(注意：该对象的颜色已变为红色，表明该对象已被选中)，然后按下鼠标左键，拖动鼠标，将对象移至新位置后松开鼠标，完成移动操作。

由于电阻 R1~R8 的型号和电阻值均相同，因此可利用复制功能作图，如图 1.5.16 所示。将鼠标移到 R1，单击鼠标右键，选中 R1，在标准工具栏中，单击复制按钮 🔳，拖动鼠标，按下鼠标左键，将对象复制到新位置，如此反复，直到按下鼠标右键，结束复制。此时可注意到，电阻名的标识，系统已自动加以区分。

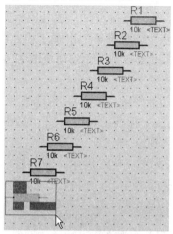

图 1.5.16　复制作图

3) 放置总线至图形编辑窗口

单击绘图工具栏中的总线按钮 ╬，使之处于选中状态。将鼠标置于图形编辑窗口，单击鼠标左键，确定总线的起始位置；移动鼠标，屏幕出现粉红色细直线，找到总线的终了位置，单击鼠标左键，再单击鼠标右键，以表示确认并结束画总线操作。此后，粉红色细直线被蓝色的粗直线所替代，如图 1.5.17 所示。

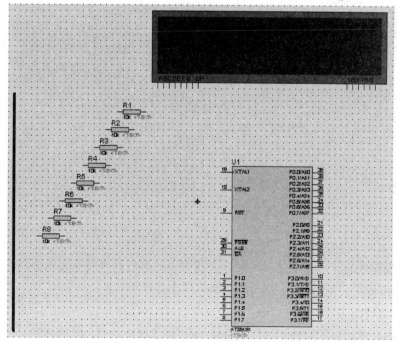

图 1.5.17　画总线

4) 元器件之间的连线

Proteus 的智能化可以在用户想要画线的时候进行自动检测。下面将电阻 R1 的右端连接到 LED 显示器的 A 端。当鼠标的指针靠近 R1 右端的连接点时，跟着鼠标的指针就会出现一个"×"号，表明找到了 R1 的连接点，单击鼠标左键，移动鼠标(不用拖动鼠标)，将鼠标的指针靠近 LED 显示器 A 端的连接点时，跟着鼠标的指针就会出现一个"×"号，表明找到了 LED 显示器的连接点，同时屏幕上出现了粉红色的连接，单击鼠标左键，粉红色的连接线变成了深绿色，同时，线形由直线自动变成了 90° 的折线，这是因为我们选中了线路自动路径功能。

Proteus 具有线路自动路径功能(简称 WAR)，当选中两个连接点后，WAR 将选择一个合适的路径连线。WAR 可通过使用标准工具栏里的"WAR"命令按钮 来关闭或打开，也可以在菜单栏的"Tools"下找到这个图标。

同理，可以完成其他连线，如图 1.5.18 所示。在此过程的任何时刻，都可以按"Esc"键或者单击鼠标右键来放弃画线。

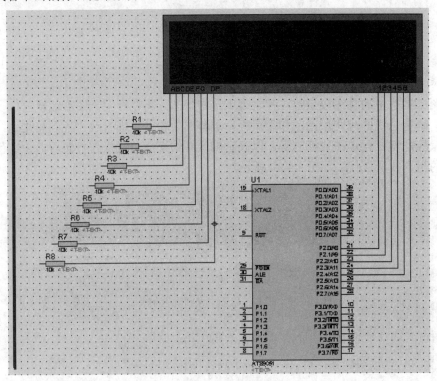

图 1.5.18　元件之间连线

5) 元器件与总线的连线

画总线的时候为了和一般的导线区分，我们一般喜欢画斜线来表示分支线。此时需要自己决定走线路径，只需在想要拐点处单击鼠标左键即可。

6) 给与总线连接的导线贴标签

单击绘图工具栏中的导线标签按钮，使之处于选中状态。将鼠标置于图形编辑窗口欲标标签的导线上，跟着鼠标的指针就会出现一个"×"号，(如图 1.5.19 所示)，表明找到了可以标注的导线，单击鼠标左键，弹出编辑导线标签窗口，如图1.5.20所示。在"string"栏中输入标签名称(如 a)，单击"OK"按钮，结束对该导线的标签标定。同理，可以标注其他导线的标签。注意，在标定导线标签的过程中，相互接通的导线必须标注相同的标签名。

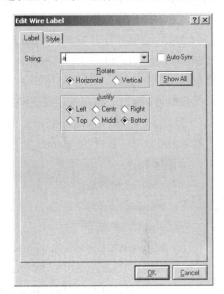

图 1.5.19　导线贴标签　　　　　　　　图 1.5.20　编辑导线标签窗口

至此，便完成了整个电路图的绘制，如图1.5.21所示。

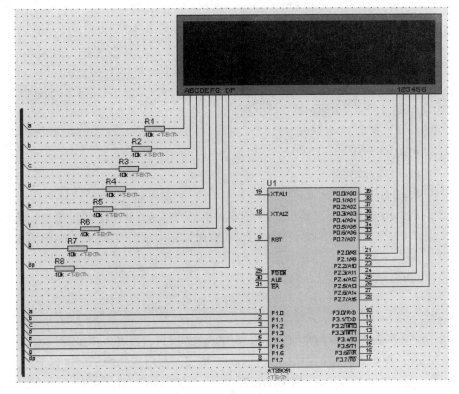

图 1.5.21　完整原理图

3．KeilC 与 Proteus 连接调试

(1) 假若 KeilC 与 Proteus 均已正确安装在 C:\Program Files 的目录里，把 C:\Program Files\Labcenter Electronics\Proteus 6 Professional\MODELS\VDM51.dll 复制到 C:\Program Files\keilC\C51\BIN 目录中。

(2) 用记事本打开 C:\Program Files\keilC\C51\TOOLS.INI 文件，在[C51]栏目下加入：TDRV5=BIN\VDM51.DLL ("Proteus VSM Monitor-51 Driver")。其中"TDRV5"中的"5"要根据实际情况写，不要和原来的重复。

步骤(1)和(2)只需在初次使用时设置。

(3) 进入 KeilC μVision4 开发集成环境，创建一个新项目(Project)，并为该项目选定合适的单片机 CPU 器件(如 Atmel 公司的 AT89C51)，并为该项目加入 KeilC 源程序。

源程序如下：

```
#define LEDS 6
#include "reg51.h"
//led 灯选通信号
unsigned char code Select[]={0x01,0x02,0x04,0x08,0x10,0x20};
unsigned char code LED_CODES[]=
    {   0xc0,0xF9,0xA4,0xB0,0x99,//0-4
        0x92,0x82,0xF8,0x80,0x90,//5-9
        0x88,0x83,0xC6,0xA1,0x86,//A,b,C,d,E
        0x8E,0xFF,0x0C,0x89,0x7F,0xBF//F,空格,P,H,.,-   };
void main()
{
    char i=0;
    long int j;
    while(1)
    {
    P2=0;
    P1=LED_CODES[i];
    P2=Select[i];
    for(j=3000;j>0;j--);   //该 LED 模型靠脉冲点亮，第 i 位靠脉冲点亮后，会自动熄灭
                           //修改循环次数，改变点亮下一位之前的延时，可得到不同的显示效果
    i++;
    if(i>5) i=0;
    }
}
```

(4) 单击"Project"菜单中的"Options for Target"选项，或者点击工具栏的"option for target"按钮 ，在弹出的窗口中单击"Debug"按钮。在出现的对话框右栏上部的下拉菜单里选中"Proteus VSM Monitor-51 Driver"，并且单击"Use"前面表明选中的小圆点，如图 1.5.22 所示。

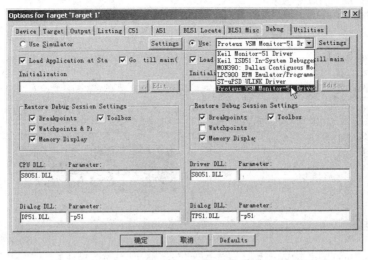

图 1.5.22　仿真调试设置对话框

再单击"Settings"按钮，设置通信接口，在"Host"框输入"127.0.0.1"，如图 1.5.23 所示。如果使用的不是同一台电脑，则需要在这里输入另一台电脑的 IP 地址(另一台电脑也应安装 Proteus)。在"Port"框输入"8000"。设置好后单击"OK"按钮即可。最后编译工程，进入调试状态并运行。

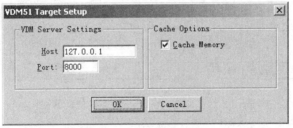

图 1.5.23　设置界面

(5) Proteus 的设置。进入 Proteus 的 ISIS，单击"Debug"菜单，选中"Use Romote Debuger Monitor"，如图 1.5.24 所示。此后，便可实现 KeilC 与 Proteus 连接调试。

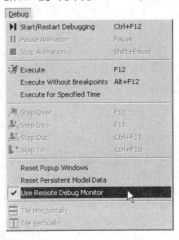

图 1.5.24　远程编译调试

(6) KeilC 与 Proteus 连接仿真调试。如图 1.5.25 所示，单击仿真运行开始按钮，可清楚地观察到每一个引脚的电平变化，红色代表高电平，蓝色代表低电平。在 LED 显示器上，循环显示 0、1、2、3、4、5。

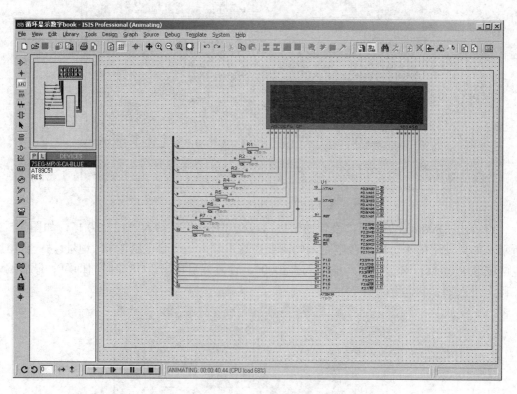

图 1.5.25　KeilC 与 Proteus 连接仿真调试

项目二

广告流水灯与显示牌(I/O 简单控制)

项目介绍

本项目通过流水灯和点阵广告显示牌的设计，熟悉 I/O 口的简单控制，熟悉 C 语言的数据类型、常量、变量、运算符、基本语句，了解简单外围硬件电路并进行分析。

任务2.1　广告流水灯

2.1.1　MCS-51 单片机的 I/O 口介绍

MCS-51 系列单片机有 4 个 8 位双向并行 I/O 端口，分别称为 P0、P1、P2 和 P3 端口。

P0 端口是 8 位漏极开路的双向并行 I/O 口，既能用作通用 I/O 口，又能用作地址/数据总线。当单片机要访问外部存储器时，P0 口可以分时操作，分别作为低 8 位地址线及 8 位数据总线使用。

P1 端口是 8 位准双向并行 I/O 端口，作为通用的 I/O 口使用，外接 I/O 设备。在 8052 中 P1 端口的 P1.0 和 P1.1 两位具有变异功能，用于定时器/计数器 2 的输入端和捕捉/重装触发器。

P2 端口是 8 位准双向并行 I/O 端口，可以作为通用的 I/O 口使用。当访问外部存储器时，它用于输出高 8 位地址。对于 8031 单片机来说，P2 端口通常只作为地址总线口使用，而不作 I/O 口线直接与外围设备连接。

P3 端口是双功能口，可作为通用的 I/O 口使用，也可以用做第二功能接口，在进行第二功能操作前，第二功能的输出锁存器必须先用软件程序置 1。

STC12C5A60S2 单片机 I/O 口的灌电流 20 mA；弱上拉时，拉电流能力为 230 μA。灌电流即 MCU 被动输入电流；拉电流即 MCU 主动输出电流。

2.1.2　单片机控制单个 LED 灯闪烁的设计

1. 任务要求

利用 51 主控板控制单个 LED 灯闪烁。

2．任务分析

以单片机为核心的电子设计包含两个方面的任务：硬件设计和软件设计。本设计完成后，应将编译生成的程序输写到单片机中，通过程序控制单片机引脚的电平状态，从而改变外围电路的状态，这样才能最终完成设计。

3．任务设计

1) 硬件设计

通常单片机的拉电流有限，采用灌电流方式来实现，即点亮某一盏 LED 灯需要控制对应的 I/O 口输出低电平。

要实现 51 单片机控制单个 LED 灯闪烁，除了保证单片机正常运行的条件外，还需要加入发光二极管。发光二极管具有单向导电性，通过 5 mA 左右的电流即可发光，电流越大，其亮度越高。不同颜色的发光二极管有不同的工作电压值，红色发光二极管工作电压最低，约为 1.7～2.5 V，绿色发光二极管约为 2.0～2.4 V，黄色发光二极管约为 1.9～2.4 V，蓝/白色发光二极管约为 3.0～3.8 V。

发光二极管是区分正负极的，正极称为阳极，负极称为阴极。对直插式发光二极管和贴片发光二极管来说，区分方法不一样，如图 2.1.1 和图 2.1.2 所示分别为直插式发光二极管和贴片发光二极管实物。对直插式二极管来说，长脚为阳极，短脚为阴极；对贴片发光二极管来说，一般通过涂色来区分，有涂色的一端为负极。

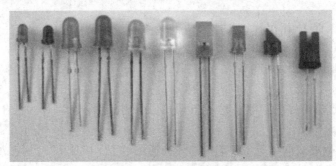

图 2.1.1　直插式发光二极管

图 2.1.2　贴片发光二极管

发光二极管在使用的过程中一般要串联一个电阻,其目的是为了限制通过发光二极管的电流,该电阻称为限流电阻。

图 2.1.3 为显示单元模块中 8 位 LED 的原理图,要想让单片机控制单个 LED 闪烁,则需要将 LED 的控制端与单片机的 I/O 口(如 P1.7,实际连接的时候可以换成其他引脚)相连,P8 用短接帽短接。当 P1.7 引脚输出低电平时,发光二极管点亮,可以构成回路。

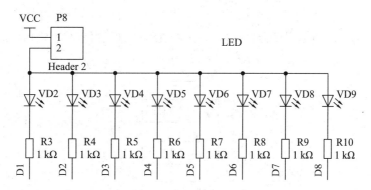

图 2.1.3 显示单元 8 位 LED 原理图

本任务选用的模块及模块之间的连线清单如表 2.1.1 所示。

表 2.1.1 实物连线表

51 主控板	显示单元
电源输出端口	电源接口
引脚 P1.7	流水灯 D1 接口
	P8 用短接帽短接

2) 软件设计

由于硬件设计点亮 LED 灯的操作为灌电流方式,因此点亮 LED 灯只需要对 P1.7 口输出低电平就可以了,实际软件设计时还需要考虑一些实际的情况。

(1) 视觉暂留现象。人眼在观察景物时,光信号传入大脑神经,需经过一段短暂的时间,光的作用结束后,视觉形象并不立即消失,这种残留的视觉称"后像",视觉的这一现象被称为"视觉暂留"。

光对视网膜所产生的视觉在光停止作用后,仍保留一段时间的现象,其具体应用在电影的拍摄和放映等方面。视觉暂留是由视神经的反应速度造成的,在电影中将其值设置为二十四分之一秒,由此形成了动画、电影等视觉媒体。

(2) 延时函数编写。由于人眼视觉暂留现象的影响,以及单片机程序指令执行非常短等原因,要使人眼能看清某种现象,一般会使用延时函数实现一段时间的延时。

机器每执行一条指令都占一定的时间(或者机器周期),如果让机器什么都不做,即空语句的话,机器就会延时,然后在计算好每次延时到底有多长,外面套一个循环(或者多重循环),根据想要的延时时间即可计算出循环的次数,延时函数基本上都采用这种原理,其参数就是用来控制循环次数的。例如:

```
void delay(int t)
{
    int i,j;
    for(i = 0;i < t; i++)
        for(j = 0;j < 120; j++);
}
```

(3) 程序流程图。根据上面的分析，单个 LED 灯闪烁的程序流程如图 2.1.4 所示。

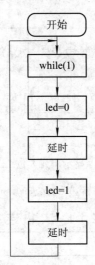

图 2.1.4　单个 LED 灯闪烁程序流程图

(4) 参考程序代码。参考程序代码如下：

```
#include<reg51.h>
void delay(int t);
sbit    led =P1^7;

void main()
{
    while(1)
    {
        led=0;
        delay(500);
        led=1;
        delay(500);
    }
}

void delay(int t)
```

```
    {
        int i,j;
        for(i=0;i<t;i++)
        for(j=0;j<120;j++);
    }
```

2.1.3　单片机控制多个循环 LED 灯

1．实验任务
控制 8 盏 LED 灯，实现单灯左移循环点亮。

2．实验目的
(1) 掌握 I/O 口的使用方法；
(2) 进一步熟悉 C51 语言；
(3) 理解视觉暂留现象，以及对发光二极管显示的影响。

3．实验硬件
实验所用显示硬件电路如图 2.1.3 所示，51 主控板与显示单元之间的电路连接如表 2.1.2 所示。

表 2.1.2　实 物 连 线 表

51 主控板	显示单元
电源输出端口	电源接口
P1	流水灯 D1~D8 接口
	P8 用短接帽短接

4．实验任务分析
实验任务要求单片机控制 8 个 LED 灯，实现单灯左移循环点亮。当需要对某个 I/O 口的 8 位一起操作时，一般采用整体操作的方式，即总线的方式。在软件设计时可以直接给 P1 口赋值，赋值不同点亮的 LED 灯就不同。由于 8 盏 LED 灯要按一定规律点亮，这就要求对 P1 口赋的值进行移位，移位操作即可以用标准 C 语言中的左移("<<")、右移(">>") 运算符来实现，也可以用 C51 库自带的函数来实现，如表 2.1.3 和表 2.1.4 所示。

表 2.1.3　移 位 运 算 符

符号	功　能	示　例
<<	按位左移	int x;x=5<<1; 表示将 0101 左移 1 位之后赋给 x
>>	按位右移	int x;x=5>>1; 表示将 0101 右移 1 位之后赋给 x

表 2.1.4 移 位 函 数

函　数	功　能	示　例
crol(unsigned char c,unsigned char b)	将字符 c 循环左移 b 位	int x;x=_crol_(0xfe,1); 表示将 11111110 循环左移 1 位之后赋给 x
cror(unsigned char c,unsigned char b)	将字符 c 循环右移 b 位	int x;x=_cror_(0xfe,1);; 表示将 11111110 循环右移 1 位之后赋给 x

注意："<<"左移时，最低位自动补零。">>"右移时，最高位自动补零。_crol_ 函数循环左移时，字符 c 的最高位自动移到最低位。_cror_ 函数循环右移时，字符 c 的最低位自动移到最高位。循环移位函数_crol_()和_cror_()包含在 intrins.h 头文件中，因此如果在程序中要使用到这类函数，就必须在程序的开头处包含 intrins.h 头文件。

5. 程序流程图及参考程序

程序流程如图 2.1.5 所示。

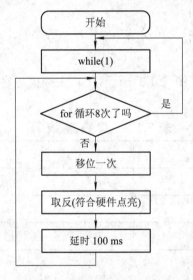

图 2.1.5 单片机控制多 LED 灯单灯循环点亮程序流程图

参考程序 1 如下：

```
/*包含的头文件 ----------------------------------------------------------*/
#include <STC12C5A60S2.H>          //加载 STC12C5A60S2.h 头文件
#include <intrins.h>               //加载本征库函数
#define   LED P1                   //8 盏 LED 灯控制端口

void Delayms(unsigned char z)      //延时函数
{
        unsigned char i, j;
    while(z--)
        {
```

```
                    _nop_();
                    i = 11;
                    j = 190;
                    do
                    {
                            while (--j);
                    } while (--i);
            }
    }


    void main()                              //主函数
    {
            unsigned char i=0,k;
            LED=0xff;                          //P1 口置高电平即所有 LED 灯熄灭
        while(1)
        {       LED=0xfe;
                for(i=0;i<8;i++)
                {
                        Delayms(100);        //延时 100 ms
                        k=1<<i;              //移位操作
                        LED=~k;              //取反单灯点亮
                }
            }
    }
```

参考程序 2 如下：

```
/*包含的头文件 -------------------------------------------------------------*/
#include <STC12C5A60S2.H>                   //加载 STC12C5A60S2.h 头文件
#include <intrins.h>                        //加载本征库函数
#define   LED P1                            //8 盏 LED 灯控制端口


void Delayms(unsigned char z)               //延时函数
{
            unsigned char i, j;
        while(z--)
            {
                _nop_();
                i = 11;
                j = 190;
                do
```

```
            {
                    while (--j);
            } while (--i);
        }
    }

    void main()                              //主函数
    {
        unsigned char i=0;
        LED=0xff;                            //P1 口置高电平即所有 LED 灯熄灭
            while(1)
            {
            LED=0Xfe;
            for(i=0;i<8;i++)
            {
                    LED=_corl(LED,1);        //进入移位操作，熄灭相对应位的 LED
                    Delayms(100);            //延时 100 ms
            }
            }
    }
```

6. 思考与扩展

如何实现单灯循环右移点亮？

任务 2.2　广告滚动显示牌

2.2.1　实验任务

用 16×16 点阵滚动显示"武汉职业技术学院欢迎你"。

2.2.2　实验目的

了解点阵显示字符的显示原理，熟悉动态扫描的基本方法和要求。

2.2.3　实验硬件

显示单元电路如图 2.2.1 所示，16×16 的点阵是 4 块 8×8 的点阵组合而成。通常采用的是动态扫描的驱动方式，列信号 Y0~Y15、行信号 X00~X15 分别各由两个数据锁存器 74LS573 提供。

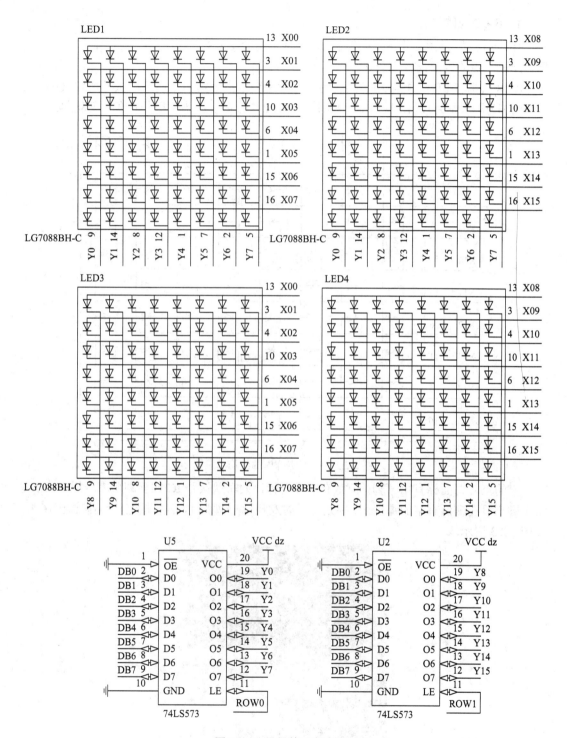

图 2.2.1　显示单元电路图

2.2.4 实验相关理论

1. 8×8 点阵简介

16×16 点阵是由 4 个 8×8 点阵模块组成，每个 8×8 点阵模块内部是由 64 个发光二极管组成。点阵内部结构如图 2.2.2 所示。

8×8 点阵 LED 是共阳还是共阴的，一般是根据点阵第一个引脚的极性所定义的，第一个引脚为阳极则为共阳，反之则为共阴。图 2.2.2 中点阵 1 脚为阳极，故该点阵为共阳点阵。

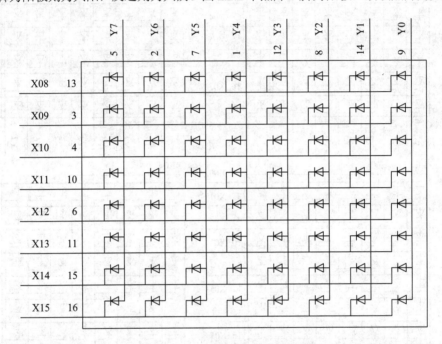

图 2.2.2　8×8 点阵内部结构示意图

有的点阵背面标有第一脚，但是有的没有标，大家默认跟 IC 的管脚顺序一样，读法是第 1 脚一般在侧面有字的那一面，字是正向时左边第一脚为 1，然后按逆时针排序至 16 脚，如图 2.2.3 所示。

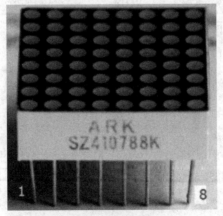

图 2.2.3　点阵管脚识别

点阵式 LED 显示器采用逐行扫描式工作。使点阵显示出一个字符的编程方法是：首先向行扫描码锁存器输出行扫描码，选通第一行，同时向行码锁存器写入该行的字形码，完成一行的扫描。然后，按相同的方式选通第二行，写第二行的字形码……由此类推，逐行扫描，直到写完所有的字形码，完成一个字符的一遍扫描。如果要使多个点阵循环显示多个字符，只要把显示的各个字符按顺序安排在显示缓冲区，然后根据显示的字符去查表，再按一定的时序向各个字形行码锁存器和行扫描码锁存器输入相应的字形行码和行扫描码，便可达到目的。

LED 具有一定的响应时间和余晖效应，如果给它的电平持续时间很短，将不能充分点亮，一般要求电平持续时间是 1 ms。当 LED 点亮后撤掉电平，它不会立即熄灭。这样从左到右扫描完一帧，看起来就是同时亮的。点亮某块屏上某个点，同时需要考虑其他屏的消隐。

2. 74LS573 简介

74LS573 芯片内部含有 8 个数据锁存器，主要用于数码管、点阵需要数据锁存控制的地方。

其引脚如图 2.2.4 所示，引脚功能如表 2.2.1 所示。其真值如表 2.2.2 所示，当使能端(LE)为高时，Q 端的输出将随数据 D 输入而变。当使能端(LE)为低时，输出将锁存。

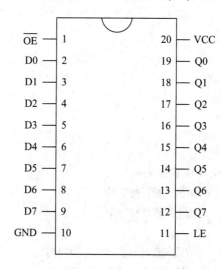

图 2.2.4　74LS573 引脚图

表 2.2.1　74LS573 引脚功能表

管脚号	功　　能
D0～D7	数据输入
LE	锁存使能端(高电平锁存)
$\overline{OE}$	3 态输出使能端(低电平有效)
Q0～Q7	3 态锁存输出

表 2.2.2　74LS573 的真值表

$\overline{OE}$	LE	D	Q
L	H	H	H
L	H	L	L
L	L	X	Q^n
H	X	X	Z

3. 汉字取模软件

点阵取模软件在电子设计行业是常用的软件，特别对于用到点阵屏的电子产品，它能很好地生成各种不同字体的文字代码、图片代码或者自行设计不同的代码。汉字取模软件只需输入需要的字符，包括汉字、数字和字母，直接生成 C 语言代码的格式，无需修改即可使用，字体可选。常用在 LED 显示上的字符转换。

2.2.5　参考程序

实验参考程序如下：

```c
#include <reg51.h>

#define uchar unsigned char
#define uint unsigned int

#define outdat P2

/*col=column 竖行，row=row 横行*/
sbit ROW0=P1^0;          //第一横行控制端
sbit ROW1=P1^1;          //第二横行控制端

sbit COL0=P1^2;          //第一竖列屏点阵选择控制端
sbit COL1=P1^3;          //第二竖列屏点阵选择控制端

//汉字"武汉职业技术学院欢迎你"字模数组
uchar code tab_hz[]=
{
0x00,0x00,0x3F,0x00,0x00,0xFF,0x00,0x04,0x04,0x27,0x24,0x24,0x24,0x27,0xF8,0x40,
0x40,0x50,0x48,0x48,0x40,0xFE,0x40,0x40,0x40,0x40,0x20,0x22,0x12,0x8A,0x06,0x02,/*"武",0*/

0x00,0x27,0x12,0x12,0x82,0x41,0x49,0x09,0x10,0x10,0xE0,0x20,0x20,0x21,0x22,0x0C,
```

```
0x00,0xF8,0x08,0x08,0x08,0x10,0x10,0x10,0xA0,0xA0,0x40,0x40,0xA0,0x10,0x08,0x06,/*"汉",1*/

0x00,0xFF,0x24,0x24,0x3C,0x24,0x24,0x3C,0x24,0x24,0x2E,0xF4,0x44,0x04,0x04,0x05,
0x00,0x00,0xFC,0x84,0x84,0x84,0x84,0x84,0xFC,0x84,0x00,0x48,0x44,0x84,0x82,0x02,/*"职",2*/

0x04,0x04,0x04,0x04,0x44,0x24,0x24,0x14,0x14,0x14,0x04,0x04,0x04,0x04,0xFF,0x00,
0x40,0x40,0x40,0x40,0x44,0x44,0x48,0x48,0x50,0x60,0x40,0x40,0x40,0x40,0xFE,0x00,/*"业",3*/

0x10,0x10,0x10,0x13,0xFC,0x10,0x10,0x15,0x18,0x30,0xD0,0x10,0x10,0x10,0x51,0x26,
0x20,0x20,0x20,0xFE,0x20,0x20,0x20,0xFC,0x84,0x88,0x48,0x50,0x20,0x50,0x88,0x06,/*"技",4*/

0x01,0x01,0x01,0x01,0x7F,0x03,0x05,0x05,0x09,0x11,0x21,0x41,0x81,0x01,0x01,0x01,
0x00,0x20,0x10,0x10,0xFC,0x80,0x40,0x40,0x20,0x10,0x08,0x04,0x02,0x00,0x00,0x00,/*"术",5*/

0x22,0x11,0x11,0x00,0x7F,0x40,0x80,0x1F,0x00,0x01,0xFF,0x01,0x01,0x01,0x05,0x02,
0x08,0x08,0x10,0x20,0xFE,0x02,0x04,0xE0,0x40,0x80,0xFE,0x00,0x00,0x00,0x00,0x00,/*"学",6*/

0x00,0x78,0x4B,0x52,0x54,0x61,0x50,0x48,0x4B,0x48,0x68,0x50,0x41,0x41,0x42,0x44,
0x40,0x20,0xFE,0x02,0x04,0xF8,0x00,0x00,0xFE,0x90,0x90,0x90,0x12,0x12,0x0E,0x00,/*"院",7*/

0x00,0x00,0xFC,0x04,0x05,0x49,0x2A,0x14,0x10,0x28,0x24,0x45,0x81,0x02,0x04,0x08,
0x80,0x80,0x80,0xFC,0x04,0x08,0x40,0x40,0x40,0xA0,0xA0,0x10,0x10,0x08,0x04,0x02,/*"欢",8*/

0x00,0x20,0x13,0x12,0x02,0x02,0xF2,0x12,0x12,0x12,0x13,0x12,0x10,0x28,0x47,0x00,
0x00,0x80,0x3C,0x24,0x24,0x24,0x24,0x24,0x24,0xB4,0x28,0x20,0x20,0x20,0xFE,0x00,/*"迎",9*/

0x08,0x08,0x08,0x11,0x11,0x32,0x34,0x50,0x91,0x11,0x12,0x12,0x14,0x10,0x10,0x10,
0x80,0x80,0x80,0xFE,0x02,0x04,0x20,0x20,0x28,0x24,0x24,0x22,0x22,0x20,0xA0,0x40,/*"你",10*/
}        ;

void Delay500us()        //@11.0592MHz
{
    unsigned char i, j;

    i = 10;
    j =50;
    do
    {
        while (--j);
    } while (--i);
```

```
}

/*
函数功能：实现点阵某个点的点亮
参数：num    第几块屏(顺序：从左往右，从上到下)
      temp1  行显示
      temp2  列显示
*/
void dis_point1(uchar num,uchar temp1,uchar temp2)
{
    //第几块屏  亮灯
    switch(num)
        {
            case 1:      outdat=temp1;
                         ROW0=1;ROW0=0;
                         outdat=temp2;
                         COL0=1;COL0=0;

                         outdat=0x00;      //消隐
                         ROW1=1;ROW1=0;
                         outdat=0x00;      //消隐
                         COL1=1;COL1=0;
                         break;

            case 2:      outdat=temp1;
                         ROW0=1;ROW0=0;
                         outdat=temp2;
                         COL1=1;COL1=0;

                         outdat=0x00;      //消隐
                         ROW1=1;ROW1=0;
                         outdat=0x00;      //消隐
                         COL0=1;COL0=0;
                         break;

            case 3:      outdat=temp1;
                         ROW1=1;ROW1=0;
                         outdat=temp2;
                         COL0=1;COL0=0;
```

```
                    outdat=0x00;              //消隐
                    ROW0=1;ROW0=0;
                    outdat=0x00;              //消隐
                    COL1=1;COL1=0;
                    break;

        case 4:     outdat=temp1;
                    ROW1=1;ROW1=0;
                    outdat=temp2;
                    COL1=1;COL1=0;

                    outdat=0x00;              //消隐
                    ROW0=1;ROW0=0;
                    outdat=0x00;              //消隐
                    COL0=1;COL0=0;
                    break;

        default:    break;
        }
}

/*显示一串汉字：武汉职业技术学院欢迎你*/
void display()
{
    uchar a,i,x,y,m,n;
    uint k=0x01;

        for(m=0;m<20;m++)                //16*2*11，总计 11 个汉字
          {
          for(n=0;n<9;n++)               //考虑字的移出，分四块屏考虑
           {
            for(a=0;a<8;a++)             //改变滚动的速度，a 越大，滚动越慢
             {
                for(i=0;i<8;i++)
                 {
                    x=(tab_hz[i+16*m]<<n)|(tab_hz[i+16+16*m]>>8-n);
                                //第 m 个字的第 1 屏数据 | 第 m 个字的第 2 屏数据
                    y=k<<i;
                    dis_point1(1,x,y);   //第 1 屏，x 行，y 列
                    Delay500us();
```

```
            x=(tab_hz[i+8+16*m]<<n)|(tab_hz[i+24+16*m]>>8-n);
                            //第 m 个字的第 3 屏数据|第 m 个字的第 4 屏数据
            y=k<<i;
            dis_point1(3,x,y);    //第 3 屏，x 行，y 列
            Delay500us();


            x=(tab_hz[i+16+16*m]<<n)|(tab_hz[i+32+16*m]>>8-n);
                            //第 m 个字的第 2 屏数据|第 m+1 个字的第 1 屏数据
            y=k<<i;
            dis_point1(2,x,y);    //第 2 屏，x 行，y 列


            x=(tab_hz[i+24+16*m]<<n)|(tab_hz[i+8+32+16*m]>>8-n);
                            //第 m 个字的第 4 屏数据|第 m+1 个字的第 3 屏数据
            y=k<<i;
            dis_point1(4,x,y);    //第 4 屏，x 行，y 列
            Delay500us();


        }
        }


    }
    }
    }


    void main()
    {
        while(1)
        {
            display();    //显示一串汉字：武汉职业技术学院欢迎你
        }
    }
```

2.2.6　思考与扩展

尝试滚动显示你自己想要的其他内容（需要自己重新取模），尝试改变滚动速度。

项目三

计数牌(数码管使用)

项目介绍

本项目中包含两个项目任务，一个是一位数静态显示，另一个是多位数动态显示。通过两个任务的完成掌握数码管的静态和动态显示。

任务 3.1 一位数计数

3.1.1 实验任务

采用 LED 数码管的静态显示方式，实现一位数码管上显示数字。具体要求如下：
(1) 在数码管上循环显示数字"0、1、2、3、4、5、6、7、8、9"；
(2) 数字显示间隔时间为 1 s。

3.1.2 实验目的

(1) 了解 7 段 LED 数码管的内部结构和工作原理；
(2) 理解数码管的静态显示原理；
(3) 掌握 LED 数码管静态显示接口电路和软件的设计。

3.1.3 实验硬件

1. 数码管电路图

本次实验采用的数码管是显示单元上的四位一体数码管，电路如图 3.1.1 所示。

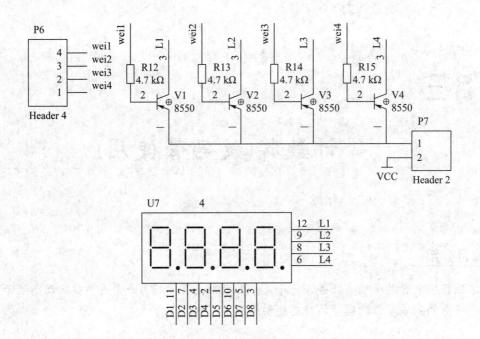

图 3.1.1　四位一体数码管原理图

2．实物连线图以及与主控板的接口

数码管静态显示实验硬件连线示意图如图 3.1.2 所示，连线表如表 3.1.1 所示。

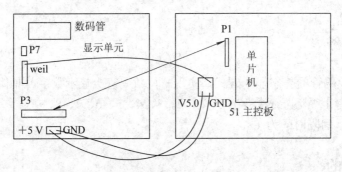

图 3.1.2　数码管静态显示实验硬件连线示意图

表 3.1.1　显示单元与 51 主控板连线表

51 主控板	显示单元
P1.0～P1.7	P3 的 D1～D8
电源端子的 V5.0	+5 V
电源端子的 GND	GND
电源端子的 GND	wei1
	P7 用短接帽短接

3.1.4 实验相关理论

1. LED 数码管结构和显示原理

在单片机应用系统中，往往需要显示系统输出数据与工作状态，常用的显示器有：发光二极管显示器，简称 LED；液晶显示器，简称 LCD。

LED 数码管目前广泛使用了 7 段显示器，由 7 段可发光的线段拼合而成，以不同组合来显示数字和符号，故又称为 7 段数码管。LED 数码管的引脚如图 3.1.3(a)所示，它内部由 8 个发光二极管组成，其中 7 个发光二极管(a～g)作为 7 段笔画组成"8"字结构(故也称 7 段 LED 数码管)，剩下的 1 个发光二极管(h 或 DP)组成小数点，所有发光二极管已在内部完成连接，根据接法不同分为共阴 LED 数码管和共阳 LED 数码管两类。共阴 LED 数码管如图 3.1.3(b)所示，把所有发光二极管的负极(阴极)连接在一起，作为公共端 COM；共阳 LED 数码管如图 3.1.3(c)所示，把所有发光二极管正极(阳极)连接在一起，作为公共端 COM。

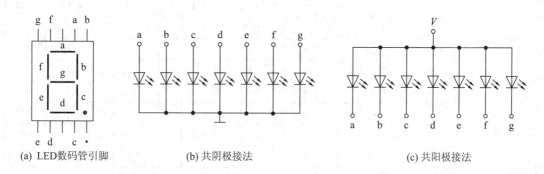

(a) LED数码管引脚　　　　(b) 共阴极接法　　　　(c) 共阳极接法

图 3.1.3　LED 数码管内部原理图

若按规定使其笔端上的发光二极管点亮，就能够显示出不同的字符。例如，要显示"0"，就是让 a 段亮、b 段亮、c 段亮、d 段亮、e 段亮、f 段亮、g 段不亮及 DP 段不亮(不显示小数点)。对于共阴极 LED 数码管，公共端接地，a、b、c、d、e、f 各端接高电平，g 脚及 DP 脚接低电平。而共阳极 LED 数码管，公共端接电源，a、b、c、d、e、f 各端接低电平，g 脚及 DP 接高电平。也就是说，显示同一个字符，两种接法的 LED 数码管的 7 端显示控制数据时不同的，互为反码。

2. LED 数码管显示方式

1) 段码和位码

段码是数码管显示的一个基本概念，也叫字形码或段选码，它是指数码管为了显示一个数字或符号，在各笔端电极上所加电平按照一定顺序排列所组成的数字，与数码管类型和排列顺序有关。LED 数码管段码如表 3.1.2 所示。可以看出段码是相对的，它由各字段在字节中所处位决定。例如按格式"DP g f e d c b a"形成"1"的段码为 06H(共阴)和 F9H(共阳)；而按格式"a b c d e f g DP"形成"1"的段码为 60H(共阴)和 9FH(共阳)。

表 3.1.2 LED 数码管段码表

显示字符	字形	共阳极									共阴极								
		DP	g	f	e	d	c	b	a	字形码	DP	g	f	e	d	c	b	a	字形码
0	0	1	1	0	0	0	0	0	0	C0H	0	0	1	1	1	1	1	1	3FH
1	1	1	1	1	1	1	0	0	1	F9H	0	0	0	0	0	1	1	0	06H
2	2	1	0	1	0	0	1	0	0	A4H	0	1	0	1	1	0	1	1	5BH
3	3	1	0	1	1	0	0	0	0	B0H	0	1	0	0	1	1	1	1	4FH
4	4	1	0	0	1	1	0	0	1	99H	0	1	1	0	0	1	1	0	66H
5	5	1	0	0	1	0	0	1	0	92H	0	1	1	0	1	1	0	1	6DH
6	6	1	0	0	0	0	0	1	0	82H	0	1	1	1	1	1	0	1	7DH
7	7	1	1	1	1	1	0	0	0	F8H	0	0	0	0	0	1	1	1	07H
8	8	1	0	0	0	0	0	0	0	80H	0	1	1	1	1	1	1	1	7FH
9	9	1	0	0	1	0	0	0	0	90H	0	1	1	0	1	1	1	1	6FH
A	A	1	0	0	0	1	0	0	0	88H	0	1	1	1	0	1	1	1	77H
B	B	1	0	0	0	0	0	1	1	83H	0	1	1	1	1	1	0	0	7CH
C	C	1	1	0	0	0	1	1	0	C6H	0	0	1	1	1	0	0	1	39H
D	D	1	0	1	0	0	0	0	1	A1H	0	1	0	1	1	1	1	0	5EH
E	E	1	0	0	0	0	1	1	0	86H	0	1	1	1	1	0	0	1	79H
F	F	1	0	0	0	1	1	1	0	8EH	0	1	1	1	0	0	0	1	71H
H	H	1	0	0	0	1	0	0	1	89H	0	1	1	1	0	1	1	0	76H
L	L	1	1	0	0	0	1	1	1	C7H	0	0	1	1	1	0	0	0	38H
P	P	1	0	0	0	1	1	0	0	8CH	0	1	1	1	0	0	1	1	73H
R	R	1	1	0	0	1	1	1	0	CEH	0	0	1	1	0	0	0	1	31H
U	U	1	1	0	0	0	0	0	1	C1H	0	0	1	1	1	1	1	0	3EH
Y	Y	1	0	0	1	0	0	0	1	91H	0	1	1	0	1	1	1	0	6EH
-	-	1	1	0	1	1	1	1	1	BFH	0	1	0	0	0	0	0	0	40H
.	.	0	1	1	1	1	1	1	1	7FH	1	0	0	0	0	0	0	0	80H
熄灭	熄灭	1	1	1	1	1	1	1	1	FFH	0	0	0	0	0	0	0	0	00H

　　位码也叫位选码，通过数码管的公共端选中某一位数码管。通常我们把数码管公共端叫做"位选线"，笔段端叫做"段选线"，单片机输出"段码"控制段选线，输出"位码"控制位选线，这样就可以控制数码管显示任意字。

　　以数码管显示"F"来说，点亮数码管显示"F"共阴极的字形码为 0x71(0111 0001)，共阳极的字形码 0x8E(1000 1110)，两个字形码之和为 0x71+0x8E=0xFF。或者反过来说，0x8E 为 0x71 的反码。

　　2) LED 数码管静态显示方式

　　单片机驱动 LED 数码管有很多种方法，按显示方式分为静态显示和动态显示。LED 数码管工作在静态显示方式时，各位数码管的公共端连接在一起接地(共阴极)或接电源(共阳极)，每位数码管的每一段都有一个 I/O 口线单独进行驱动，之所以成为静态显示，是因为单片机将所要显示的数据送出后不再控制 LED 了，直到下一次再传输一次新的显示数据为止，在单片机的两次传输数据之间，LED 数码管显示内容静止不变，不需要动态刷新。

图 3.1.4 为一个 4 位静态显示电路。4 个数码管的位选线(公共端)均共同连接到+VCC 或 GND，每个数码管的 8 根段选线分别连接到一个 8 位并行 I/O 口。因为 4 个数码管由不同的口线控制，所以可显示不同的字符，而且只要保持段选线上的电平不变，数码管就能一直显示相同的字符。

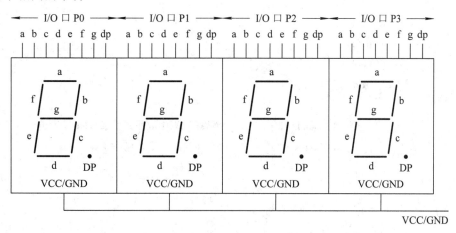

图 3.1.4　4 位数码管静态显示电路

静态显示方式的优点是编程简单、显示亮度高，缺点是占用 I/O 口线资源较多。如驱动 4 个数码管则需要占用 32 根 I/O 口来驱动，但是 MCS-51 系列单片机一共才有 32 个 I/O 口线。如果显示器位数过多，静态显示方式是不适合使用的。

3.1.5　程序框图及参考程序

主程序流程如图 3.1.5 所示。

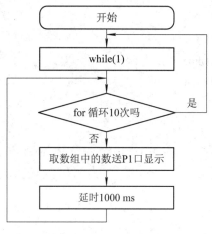

图 3.1.5　主程序流程图

参考程序如下：

```
#include <regx51.h>
#include <intrins.h>
unsigned char code table[]={0xc0,0xf9,0xa4,0xb0,0x99,0x92,0x82,0xf8,0x80,0x90};
void Delayms(unsigned int z) ;


void main()
{
    unsigned char i;
        while(1)
        {
            for(i=0;i<=9;i++)
            {
                P1 =table[i];          //从段码表中取段码并通过P1 口输出
                Delayms(1000);         //调用延时函数，延时 1 s
            }
        }
}


void Delayms(unsigned int z)
{
     unsigned char i, j;
    while(z--)
        {
            _nop_();
            i = 11;
            j = 190;
            do
            {
                while (--j);
            } while (--i);
        }
}
```

3.1.6　思考与扩展

实现一位数字倒计数。

任务 3.2 学号显示

3.2.1 实验任务

采用 LED 数码管的动态显示方式，实现四位数码管上显示学号后四位数字。

3.2.2 实验目的

(1) 理解数码管的动态显示原理；
(2) 掌握 LED 数码管动态显示接口电路和软件设计。

3.2.3 实验硬件

实验硬件电路同任务 3.1，实物连线如表 3.2.1 所示。

表 3.2.1 显示单元与 51 主控板连线表

51 主控板	显示单元
P0.0～P0.7	P3 的 D1～D8
电源端子的 V5.0	+5 V
电源端子的 GND	GND
P1.4～P1.7	wei1～wei4
	P7 用短接帽短接

3.2.4 实验相关理论

各位数码管的位选线(公共极 COM)各自独立由 I/O 线控制。当单片机输出字形码时，所有数码管都接收到相同的字形码，究竟是哪个数码管会显示字形，取决于单片机对 LED 数码管 COM 端的控制，只要输出要选通数码管的对应位码，该位就显示出字形，没有选通的数码管就不会亮。在某个时刻只有一个数码管亮，其他的都不亮，选通数码管的位码信号不停地在刷新，利用二极管的余晖效应和人眼的视觉暂留，虽然数码管不是同时点亮，但是只要每位数码管显示间隔足够短，就可以保持多个数码管"同时"显示内容，称之为动态显示。

注意：动态显示方式，每秒的刷新次数以 25 次左右为好。每次刷新，每位数码管的点亮时间为 1～2 ms，具体时间应根据实际情况而定。

动态显示方式的优点是能够节省大量的 I/O 口，而且功耗很低；缺点是编程较复杂，显示亮度不如静态显示。动态显示方式一般显示适用于显示位数较多的场合。

3.2.5　参考程序及效果图

参考程序如下：

```c
#include <reg51.h>
#include <intrins.h>
unsigned char code table[10] = {0xc0,0xf9,0xa4,0xb0,0x99,0x92,0x82,0xf8,0x80,0x90};   //段码
unsigned char wei[4] = {0x7f,0xbf,0xdf,0xef};            //位码
void Delayms(unsigned int z);
void display(unsigned int num);

void main()
{
    while(1)
    {
    display(3235);
    }
}

    void display(unsigned int num)                    //显示四位不同的数
    {
        P1 = wei[3];                         //显示个位
        P0 = table[num%10];
        Delayms(1);

        P1 = wei[2];                         //显示十位
        P0 = table[num/10%10];
        Delayms(1);

        P1 = wei[1];                         //显示百位
        P0 = table[num/100%10];
        Delayms(1);

        P1 = wei[0];                         //显示千位
        P0 =table[num/1000%10];
        Delayms(1);
    }

    void Delayms(unsigned int z)
```

```
    {
        unsigned char i, j;
        while(z--)
            {
                _nop_();
                i = 11;
                j = 190;
                do
                {
                    while (--j);
                } while (--i);
            }
    }
```

数码管动态显示实验效果图如图 3.2.2 所示。

图 3.2.2 数码管动态显示实验效果图

3.2.6 思考与扩展

(1) 将数码管位选通时间即延时函数时间逐步增大，注意观察实验效果如何。

(2) 思考 60 倒计数怎么实现。

项目四

按 键 控 制

项目介绍

本项目包含有两个项目任务：独立按键控制流水灯效果转换和矩阵按键识别。通过任务的完成，了解按键的基本知识、按键抖动规律以及去抖动方法，掌握独立按键和矩阵按键的识别方法。

任务 4.1　独立按键控制流水灯效果转换

4.1.1　实验任务

每次按下 S17，则灯从左到右单灯点亮一次。

4.1.2　实验目的

(1) 了解常用键盘的分类；
(2) 掌握独立按键的识别方法及软件消去抖动方法。

4.1.3　实验硬件

独立按键电路、实物如图 4.1.1 和图 4.1.2 所示。

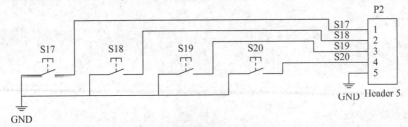

图 4.1.1　独立按键原理图

图 4.1.2 按键单元实物图

按键单元与 51 主控板、51 主控板与显示单元之间的连线关系如表 4.1.1 所示，实物连接示意如图 4.1.3 所示。

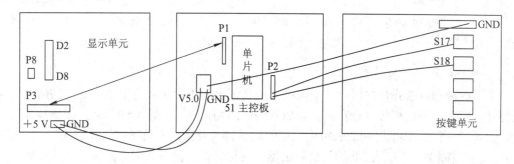

图 4.1.3 按键控制流水灯效果转换硬件连线示意图

表 4.1.1 按键控制流水灯效果转换连线表

51 主控板	显示单元	51 主控板	按键单元
P1.0～P1.7	P3 的 D1～D8	P2.0	S17
电源端子的 V5.0	+5 V	P2.1	S18
电源端子的 GND	GND		
	P8 用短接帽短接		

4.1.4 实验相关理论

1. 按键的分类

按键是一种常见的输入设备，根据按键的识别方法分类，键盘有编码键盘和非编码键盘两种。键盘上闭合键的识别由专用的硬件编码器实现，并产生键编码号或键值的称为编码键盘，如计算机键盘、遥控器键盘等。通过软件编程来识别或产生键代码的称为非编码键盘。在单片机应用系统中，使用最多的是非编码键盘。

根据键盘的结构分类，键盘可分为独立式按键键盘和矩阵式按键键盘。所需按键较少时，采用独立式按键键盘；所需按键较多时，通常把键排列成矩阵形式形成矩阵式键盘，也称行列式键盘。

2. 机械按键与抖动问题

1) 各种类型机械按键

通常所使用的按键为轻触机械开关，是一种电子开关。在正常情况下按键的触点是断开的，使用时轻轻点按开关按钮就可使开关接通。轻触按键的内部是靠金属弹片受力形变来实现通断的。如图4.1.4所示，轻触按键有各种规格，如插件式、贴片式、侧插式等。由于轻触按键体积小、重量轻，在家用电器方面得到广泛的应用。

(a) 四脚直插式按键　　　　(b) 四脚贴片式按键　　　　(c) 两脚贴片式按键　　　　(d) 自锁按键

图4.1.4　各种类型的按键

2) 机械按键的抖动问题

由于机械触点的弹性作用，一个按键开关在闭合时不会马上稳定地接通，在断开时也不会马上断开。因此机械触点在闭合及断开的瞬间均伴随着一连串的抖动，按键操作时序图如图4.1.5所示。抖动时间的长短由按键的机械特性及操作人员操作的动作决定，一般为5~20 ms；按键稳定闭合时间的长短是由操作人员的按键按压时间长短决定的，一般为零点几秒到数秒不等。

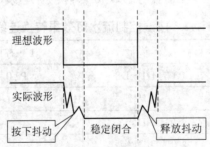

图4.1.5　按键操作时序

一次完整的按键过程，包括以下5个阶段：

(1) 等待阶段，此时按键尚未按下，处于空闲阶段。

(2) 前沿(按下)抖动阶段，按键刚刚被按下，按键信号处于抖动状态，这个时间一般为5~20 ms。为了确保按键操作不会误动作，必须有个前沿消抖动延时。

(3) 键状态稳定阶段，抖动已经结束，一个有效的按键动作已经产生。

(4) 后沿(释放)抖动阶段。一般来说，严谨些的程序应该在这里再做一次消抖延时，以防止误动作。但如果在前沿抖动阶段中的消抖延时取值合适的话，可以忽略此阶段。

(5) 按键释放操作，后沿抖动已经结束，按键已经处于完全释放状态。

3) 机械按键的去抖方法

在按键被按下或释放时按键会出现抖动现象，这种现象会干扰按键的识别。因此需要对按键进行消抖动处理，也称为去抖动。按键去抖动一般有硬件和软件两种方法。

硬件去抖动采用 R-S 触发器或单稳态电路构成去抖电路，如图 4.1.6 所示，每一个按键都需要连接一个去抖电路，所以当电路中按键较多时电路就显得十分复杂。

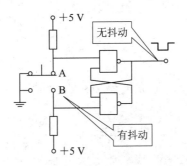

图 4.1.6　按键硬件去抖动电路

软件去抖的方法是判断按键被按下后，加上一个 10 ms 左右的延时时间，待按键稳定后再次检测按键，按键仍处于按下状态，就可以确认按键被按下。

3. 独立键盘的识别方法

独立式按键键盘的每一个按键都单独接到单片机的一个 I/O 口上，通过判断按键端口的状态即可识别按键操作。

4.1.5　程序流程及参考程序

程序流程如图 4.1.7 所示。

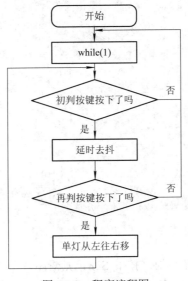

图 4.1.7　程序流程图

参考程序如下：

```c
#include<reg51.h>
void delay(unsigned int i);
sbit    s17=P2^0;


void main()
{
    unsigned char j;
    while(1)
    {
        if(s17==0)                  //初次判断 S17 是否按下
        {
            delay(5);               //延时去抖


            if(s17==0)              //再次判断 S17 是否按下
            {
                P1=0x7f;
                for(j=0;j<8;j++)
                {
                    delay(200);
                    P1>>=1;
                    P1=P1+0X80;
                }
            }
        }
    }
}


void delay(unsigned int i)
{
    unsigned int m,n;
    for(m=0;m<i;m++)
    for(n=0;n<255;n++);
}
```

4.1.6　思考与扩展

按下 S17，则 P1.5 对应灯亮闪；按下 S18，则灯从左到右单灯点亮一次；按下 S19，则灯从右到左单灯点亮一次；按下 S20，实现自己想要的一种效果。

任务 4.2 矩阵按键识别

4.2.1 实验任务

51 主控板的 P2 口连接一个 4×4 矩阵键盘，其中 P2.0～P2.3 连列线，P2.4～P2.7 连行线，P1 口连接数码管，要求按下一个按键时在数码管上显示对应的键号，如按下 S1 则显示"1"，按下 S2 则显示"2"……按下 S16 则显示"16"。

4.2.2 实验目的

了解矩阵键盘的工作原理及矩阵键盘的按键识别方法。

4.2.3 实验硬件

矩阵键盘原理如图 4.2.1 所示。

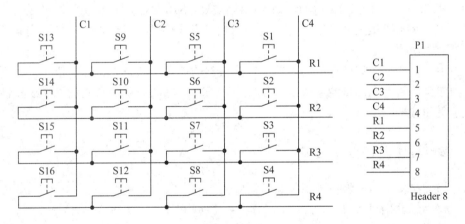

图 4.2.1 矩阵键盘原理图

按键单元与 51 主控板、51 主控板与显示单元之间的连线关系如表 4.2.1 所示。

表 4.2.1 按键控制流水灯效果转换连线表

51 主控板	显示单元	51 主控板	按键单元
P1.0～P1.7	P3 的 D1～D8	P2.0～P2.3	C1～C4
P3.0～P3.3	P6 的 wei1～wei4	P2.4～P2.7	R1～R4
电源端子的 V5.0	+5 V	电源端子的 GND	GND
电源端子的 GND	GND		

4.2.4　实验相关理论

当电路中按键较多时，比如 16 个按键，若设计成独立按键就需要 16 条 I/O 口线，非常浪费端口。此时通常可以采用矩阵按键。

矩阵按键位于行、列的交叉点上。当键被按下时，其交叉点的列线和行线接通，相应的行线或列线上的电平发生变化，MCU 通过检测行或列线上的电平变化可以确定哪个按键被按下。

矩阵键盘不仅在连接上比单独式按键复杂，按键识别方法也比独立式按键复杂，在矩阵键盘的软件接口程序中，常使用的按键识别方法有行扫描法和线反转法。

以行扫描法为例进行讲解。如图 4.2.1 中，4 根列线：C1～C4(P2.0、P2.1、P2.2、P2.3)作为键盘的输入口；4 根行线：R1～R4(P2.4、P2.5、P2.6、P2.7)工作于输出方式，由 MCU 扫描控制其输出的电平值。行扫描法也称逐行扫描查询法，其按键识别的过程如下：

第一步：将全部行线 P2.4～P2.7 置低电平输出，然后读出 P2.0～P2.3 四根输入列线中有无低电平出现。只要有低电平出现，则说明有键按下(实际编程时，还要考虑按键的消抖)。如读到的都是高电平，则表示无按键按下。

第二步：在确认有按键按下后，需要进一步确定具体哪一个键闭合。其思路是：依次将行线置为低电平，并检测列线的输入(扫描)电平，进而确认具体的按键位置。

如当 P2.5 输出低电平(此时 P2.4=1、P2.6=1、P2.7=1)，检测到 P2.1 的输入为低电平(P2.0=1、P2.1=0、P2.2=1、P2.2=1)，则可以确认按键 S10 处于闭合状态。通过以上分析可以看出，MCU 对矩阵键盘的按键识别，是采用扫描方式控制行线的输出和检测列线输入的信号相配合实现的。

第三步：对各个按键进行编码。前面矩阵按键的识别仅仅是确认和定位了行和列的交叉点上的按键，要考虑键盘的编码，在软件中常通过计算的方法或查表的方法对按键进行具体的定义和编号。

4.2.5　参考程序

用行扫描法编写的矩阵按键识别参考程序如下：

```
//功能：采用行扫描法，每按下一个按键，在两位数码管上显示相应的键码
//P2.4 控制第 1 行，P2.5 控制第 2 行，P2.6 控制第 3 行，P2.7 控制第 4 行；
//P2.0 控制第 1 列，P2.1 控制第 2 列，P2.2 控制第 3 列，P2.3 控制第 4 列
#include <reg51.h>
#include <intrins.h>
#define uchar unsigned char
#define uint unsigned int

#define    data_bus P1             //4 位数码管段选数据端
sbit    DS1=P3^0;                  //4 位数码管位选控制端
sbit    DS2=P3^1;
```

```
sbit    DS3=P3^2;
sbit    DS4=P3^3;

sbit C1=P2^0;                        //矩阵按键行列控制线
sbit C2=P2^1;
sbit C3=P2^2;
sbit C4=P2^3;
sbit R1=P2^4;
sbit R2=P2^5;
sbit R3=P2^6;
sbit R4=P2^7;

uchar code table[]={0xc0,0xf9,0xa4,0xb0,0x99,0x92,0x82,0xf8,0x80,0x90};
                                     //共阳数码管显示 0~9 对应段码

void delay(uchar time);              //延时函数声明
uchar jianpanzhi();                  //矩阵键盘识别函数声明
                                     //确定按键编号，返回的 a 值表示按键的编号
void display(unsigned char i);       //显示函数声明

void main()
{
uchar x;
while(1)
    {
        x=jianpanzhi();
        delay(50);                   //按键释放后，去抖
        display(x);
        delay(200);
    }
}

uchar jianpanzhi()
{
    uint i,a;
    R1=0;                            //初始化 P2 口，使 P2_4-P2_7 均为 0
                                     //创造出判断是否有键按下的初始条件
    R2=0;
    R3=0;
```

```
            R4=0;

        if(P2!=0x0f)                  //判断是否有键按下
          {
            delay(50);                //延时去抖
            if(P2!=0x0f)              //再次判断是否有键按下
            for(i=0;i<4;i++)
              {
                switch(i)
                  {
                    case 0:          //只将 P2.4 置 0，如果第 1 行有键按下
                                     //则 P2.0～P2.3 某个端口为 0；其余端口保持高电平
                    R1=0;
                    R2=1;
                    R3=1;
                    R4=1;
                    break;

                    case 1:          //只将 P2.5 置 0，如果第 2 行有键按下，
                                     //则 P2.0～P2.3 某个端口为 0；其余端口保持高电平
                    R1=1;
                    R2=0;
                    R3=1;
                    R4=1;
                    break;

                    case 2:          //只将 P2.6 置 0，如果第 3 行有键按下
                                     //则 P2.0～P2.3 某个端口为 0；其余端口保持高电平
                    R4=1;
                    R5=1;
                    R6=0;
                    R7=1;
                    break;

                    case 3:          //只将 P2.7 置 0，如果第 4 行有键按下
                                     //则 P2.0～P2.3 某个端口为 0；其余端口保持高电平
                    R1=1;
                    R2=1;
                    R3=1;
```

```
                R4=0;
                break;


            default:
                break;
        }


    //确定 a 值，即被按下的按键编号，S1：a=1，S2：a=2---------S16：a=16
    if(!C1)            //若 P2.0=0,则表示 S13 或 S14 或 S15 或 S16 被按下
        {
            a=i+13;
            break;
        }


    if(!C2)            //若 P2.1=0,则表示 S9 或 S10 或 S11 或 S12 被按下
        {
            a=i+9;
            break;
        }


    if(!C3)            //若 P2.2=0,则表示 S5 或 S6 或 S7 或 S8 被按下
        {
            a=i+5;
            break;
        }


    if(!C4)            //若 P2.3=0,则表示 S1 或 S2 或 S3 或 S4 被按下
        {
            a=i+1;
            break;
        }
    }
}


return a;
}


/*显示 2 位数字*/
void display(unsigned char i)
```

```
        {
                data_bus=table[i/10];
                DS3=0;
                delay(100);
                DS3=1;

                data_bus=table[i%10];
                DS4=0;
                delay(100);
                DS4=1;
        }

        void delay(uchar time)
        {
                while(time--)
                        _nop_();
        }
```

4.2.6 知识扩展

1. 线反转法

线反转法相比行扫描法显得更简单，无论被按键是处于第一行还是最后一行，均只需要两步便能获得此按键所在的行列值。

第一步：将行线编程为输入线，列线编程为输出线，并使输出线(P2.0~P2.3)输出为全零电平，则行线(P2.4~P2.7)中电平由高到低所在行为按键所在行。

第二步：同第一步完全相反，将行线编程为输出线，列线编程为输入线，并使输出线(P2.4~P2.7)为全零电平，则列线(P2.0~P2.3)中电平由高到低所在列为按键所在列。

综合第一步、第二步的结果可确定按键所在的行和列，从而识别处所按的键。

假设 S1 号键被按下，那么识别按键过程如下：

第一步：让列线 P2.0~P2.3 位输出全 0，读入行线 P2.4~P2.7 位，结果 P2.4=0，而 P2.5、P2.6、P2.7 均为 1，说明第一行有按键被按下；

第二步：让行线 P2.4~P2.7 位输出全 0，然后读入列线 P2.0~P2.3 位，结果 P2.3=0，而 P2.0、P2.1、P2.2 均为 1，说明第四列有按键被按下。

综合第一步、第二步可知，在第一行和第四列按键被按下，此按键即为 S1 号按键。

2. 状态机方法

前面两种方法的基本思路是采用循环查询的方法，反复查询按键的状态，因此会大量占用 MCU 的时间，所以较好的方式是采用状态机的方法来设计，尽量减少键盘查询过程对 MCU 的占用时间。

项目五

LCD 显示系统

项目介绍

本项目包含一个项目任务。通过项目任务的完成，了解液晶 LCD1602 的结构，掌握 LCD1602 的基本操作以及相关指令的使用。

任务 5.1 LCD1602 的显示

5.1.1 实验任务

通过 LCD1602 分两行显示"hello everyone"和"Do you like MCU"。

5.1.2 实验目的

(1) 了解液晶 LCD1602 的结构；
(2) 理解 LCD1602 的引脚功能、基本操作以及相关指令；
(3) 掌握 LCD1602 的使用方法与编程应用。

5.1.3 实验硬件

51 主控板与液晶 LCD1602 的接口连接如表 5.1.1 所示，显示单元上 LCD1602 的硬件原理如图 5.1.1 所示。

表 5.1.1 51 主控板与显示单元 LCD1602 的接口连线表

51 主控板	显示单元
引脚 P2.0～P2.7	P3 接口的 D1～D8
电源端子	电源输入端
引脚 P1.0	1602 控制端的 EN
引脚 P1.1	1602 控制端的 RW
引脚 P1.2	1602 控制端的 RS

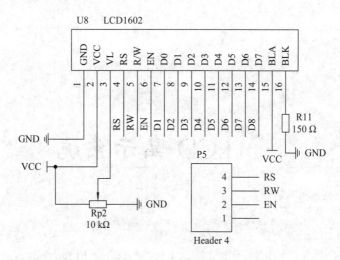

图 5.1.1　显示单元上 LCD1602 的接口电路图

5.1.4　实验相关理论

液晶(LCD)应用广泛，例如手机屏幕、电视屏幕、电子手表等都使用到液晶(LCD)显示。液晶体积小、功耗低、环保，而且显示操作简单。液晶显示器的显示原理是通过电流刺激液晶分子，使其生成点、线、面，同时必须配合背光灯使显示内容更加清晰，否则难以看清。

1. 引脚说明

字符型点阵液晶显示模块 LCD1602 实物如图 5.1.2 所示。通常有 14 条引脚线或 16 条引脚线两种，多出来的 2 条线是背光电源线 VCC(15 脚)和地线 GND(16 脚)，其控制原理与14 脚的 LCD 完全一样，如表 5.1.2 所示为 16 条引脚的 LCD1602 引脚说明。

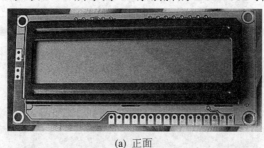

(a) 正面

(b) 反面

图 5.1.2　LCD1602 实物图

表 5.1.2 LCD1602 引脚说明表

引脚号	引脚名	电平	输入/输出	作　用
1	VSS			电源地
2	VCC			电源(+5V)
3	VEE			对比调整电压
4	RS	0/1	输入	0：输入指令 1：输入数据
5	R/$\overline{\text{W}}$	0/1	输入	0：向 LCD 写入指令或数据 1：从 LCD 读取信息
6	E	1, 1→0	输入	使能信号，1 时读取信息，1→0(下降沿)执行指令
7	DB0	0/1	输入/输出	数据总线 line0(最低位)
8	DB1	0/1	输入/输出	数据总线 line1
9	DB2	0/1	输入/输出	数据总线 line2
10	DB3	0/1	输入/输出	数据总线 line3
11	DB4	0/1	输入/输出	数据总线 line4
12	DB5	0/1	输入/输出	数据总线 line5
13	DB6	0/1	输入/输出	数据总线 line6
14	DB7	0/1	输入/输出	数据总线 line7(最高位)
15	A	+VCC		LCD 背光电源正极
16	K	接地		LCD 背光电源负极

2．LCD1602 的基本操作

LCD1602 的基本操作有四种：写命令、写数据、读状态和读数据，基本操作时序如表 5.1.3 所示。

表 5.1.3 LCD1602 的基本操作时序

基本操作	E	RS	R/$\overline{\text{W}}$	DB7～DB0	说　明
读状态	1	0	1	状态字	读液晶的状态和地址计数器
写命令	1→0	0	0	指令码	将指令代码写入到指令寄存器中
读数据	1	1	1	数据	读液晶的数据寄存器
写数据	1→0	1	0	数据	将显示数据写入到数据寄存器中

3．LCD1602 的指令集

LCD1602 模块内部有 11 条控制指令，如表 5.1.4 所示。

表 5.1.4　LCD1602 的指令集

指令功能	指令编码								
基本功能	RS	R/$\overline{\text{W}}$	DB7	DB6	DB5	DB4	DB3	DB2	DB1	DB0
清屏	0	0	0	0	0	0	0	0	0	1
光标归位	0	0	0	0	0	0	0	0	1	x
输入方式设置	0	0	0	0	0	0	0	1	I/D	S
显示开关控制	0	0	0	0	0	0	1	D	C	B
光标画面移位	0	0	0	0	0	1	S/C	R/L	x	x
功能设置	0	0	0	0	1	DL	N	F	x	x
CGRAM 地址设置	0	0	0	1	CGRAM 的地址(6 位)					
DDRAM 地址设置	0	0	1	DDRAM 的地址(7 位)						
读 BF 及 AC 值	0	1	BF	AC 内容(7 位)						
写数据	1	0	要写入的数据(DB7~DB0)							
读数据	1	1	要读出的数据(DB7~DB0)							

4. LCD1602 的存储器

LCD1602 内置了 DDRAM、CGROM 和 CGRAM。其中 DDRAM 就是显示数据 RAM，用来寄存待显示的字符代码，共 80B，其地址和屏幕的对应关系如表 5.1.5 所示。

表 5.1.5　地址和屏幕的对应关系

	显示位置	1	2	3	4	5	6	7	···	40
DDRAM 地址	第一行	00H	01H	02H	03H	04H	05H	06H	···	27H
	第二行	40H	41H	42H	43H	44H	45H	46H	···	67H

若想要在 LCD1602 屏幕的第一行第一列显示一个 "A"，只要向 DDRAM 的 00H 地址写入 "A" 的代码就行了。但具体的写入是要按 LCD 模块的指令格式来进行的。每一行有40 个地址，在 1602 中就用前 16 个，DDRAM 地址与显示位置对应如表 5.1.6 所示。

表 5.1.6　DDRAM 地址与显示位置的对应关系

00H	01H	02H	03H	04H	05H	06H	07H	08H	09H	0AH	0BH	0CH	0DH	0EH	0FH
40H	41H	42H	43H	44H	45H	46H	47H	48H	49H	4AH	4BH	4CH	4DH	4EH	4FH

5.1.5　软件设计与参考程序

1. 软件设计

从实验的要求来说，该实验难度不大，但对 1602 液晶的基本操作要熟悉，如怎样对1602 液晶发送命令、怎样让 1602 显示字符、怎样设置字符显示的位置等。在代码当中，可将这些功能独立设计成函数，以方便其他函数调用。程序中的相应函数如表 5.1.7 所示。

表 5.1.7　LCD1602 显示函数列表

函数列表		
序号	函数名称	说　明
1	delay	延时函数
2	write_command	LCD1602 写命令
3	write_data	LCD1602 写数据
5	init	LCD1602 初始化
6	main	函数主体

2. 参考程序

参考程序如下：

```c
#include<reg51.h>
#define uchar unsigned char
#define uint unsigned int
uchar code table[]="hello everyone";
uchar code table1[]="Do you like MCU";
sbit lcden=P1^0;          //液晶使能端
sbit lcdrw=P1^1;          //液晶读写选择端
sbit lcdrs=P1^2;          //液晶数据命令选择端

void delay(unsigned int z)
{
    unsigned int x,y;
    for(x=z;x>0;x--)
        for(y=110;y>0;y--);
}



void write_command(uchar com)
{
    lcdrw=0;          //选择写命令模式
    lcdrs=0;
    P0=com;           //将要写的命令字送到数据总线上
    delay(5);         //稍做延时以待数据稳定
    lcden=1;          //使能端给一高电平，因为初始化函数中已将 lcden 置为 0
    delay(5);
    lcden=0;          //将使能端置 0 以完成负脉冲
}


void write_data(uchar dat)
```

```
        {
            lcdrw=0;
            lcdrs=1;
            P0=dat;
            delay(5);
            lcden=1;
            delay(5);
            lcden=0;
        }

        void init()
        {
            lcden=0;
            write_command(0x38);      //设置 16×2 显示，5×7 点阵，8 位数据接口
            write_command(0x0c);      //设置开显示，不显示光标
            write_command(0x06);      //写一个字符后地址指针加 1
            write_command(0x01);      //显示清屏，数据指针清 0
        }

        void main()
        {
            unsigned char num;
            init( );
            write_command(0x80);
            for(num=0;num<14;num++)
            {
                    write_data(table[num]);
                    delay(5);
            }
            write_command(0x80+0x40);
            for(num=0;num<15;num++)
            {
                    write_data(table1[num]);
                    delay(5);
            }
            while(1);
        }
```

5.1.6 思考与扩展

在液晶 LCD 屏幕上显示自己的姓名(用拼音形式)。

项目六

定时器/计数器使用

项目介绍

本项目包含两个项目任务：利用定时器控制蜂鸣器发声；10 s 倒计时器。在利用定时器控制蜂鸣器发声中了解和掌握定时器的基本知识(如结构、工作原理、工作方式等)；在 10 s 倒计时器中，掌握定时器的扩展使用(如定时时间超过最大定时时间时的处理方法等)。

任务 6.1 利用定时器控制蜂鸣器发声

6.1.1 实验任务

从 I/O 端口输出一定频率的脉冲,控制蜂鸣器发出一定的声音(如频率为 1 kHz 的嘀声)。

6.1.2 实验目的

(1) 了解音频发声原理；
(2) 了解定时器/计数器的结构及工作原理；
(3) 理解定时器/计数器的工作方式；
(4) 初步学会定时/计数器的使用。

6.1.3 实验硬件

1. 实验硬件电路

实验硬件电路如图 6.1.1 所示。

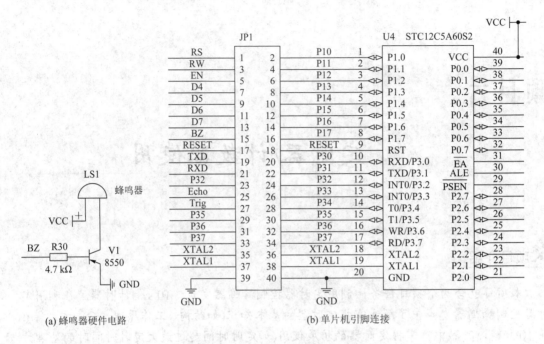

图 6.1.1　蜂鸣器发声实验硬件电路图

2．实验硬件电路连接

此实验只需使用 51 主控板，把 51 主控板上的 BZ 与 P1.7 用跳线连接起来，如图 6.1.2 所示。也可把 BZ 和任何一个没有被占用 I/O 口引脚用跳线相连。

图 6.1.2　蜂鸣器发声实验实物硬件连接图

6.1.4 实验相关理论

1. 输出波形分析

从硬件看蜂鸣器接上单片机的 P1.7 上，需要在 P1.7 上输出频率为 1 kHz 的方波，波形如图 6.1.3 所示。这就需要每隔半个周期取反一次，利用定时器/计数器定时半个周期(即 500 μs)。

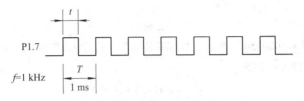

图 6.1.3　输出波形图

2. 定时器/计数器的初始化基本步骤

定时器/计数器的初始化基本步骤如下：

(1) 确定 T0 或 T1 的工作方式，对 TMOD 赋值。

(2) 计算初值，并将初值写入 TH0、TL0 或 TH1、TL1。

对于便于计算的情况，可以采用以下方式进行计算。

计数功能：$X =$ 最大计数值 $N -$ 计数值 n；

定时功能：$X =$ 最大计数值 $N - t / T_{机}$，其中 t：定时时间；$T_{机}$：机器周期。

(3) 根据需要开放中断，中断方式时，则对 IE 赋值；查询方式时，此步骤没有。

(4) 对 TR0 或 TR1 置位，启动定时器/计数器工作。

6.1.5 程序流程及参考程序

1. 程序流程

程序流程如图 6.1.4 所示。

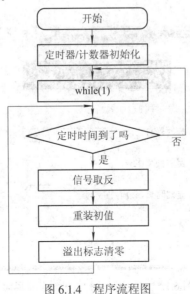

图 6.1.4　程序流程图

2. 实验参考程序

实验参考程序如下：

```
#include <reg51.h>
sbit   beep=P1^7;                    //蜂鸣器控制端口
void   main( )
{
    TMOD=0x01;                       //定时器 0 工作方式 1
    TH0=(65536-500)/256;             //装定时器 0 的初值，定时 500 μs
    TL0=(65536-500)%256;
    TR0=1;                           //启动定时器/计数器工作
    while(1)
    {
        if(TF0==1)                   //判断定时时间到了没有
        {
            beep=!beep;              //信号取反
            TH0=(65536-500)/256;     //重装初值
            TL0=(65536-500)%256;
            TF0=0;                   //清溢出标志位，为下一次定时做准备
        }
    }
}
```

6.1.6 定时器初值计算实用小工具使用推荐

对于一些不便计算的场合，可以采用"51 定时器计算"实用小工具得到，界面如图 6.1.5 所示。

图 6.1.5 51 定时器初值设定工具界面

　　只要选择好工作方式，输入晶振频率以及定时时长，单击确定，就可以得到定时器的初值，如图 6.1.6 所示。如选择工作方式 1，晶振频率为 11.0592 MHz，定时时长为 0.5 ms，得到的初值 TH 为 0xfe，TL 为 0x33。此时的晶振为 11.0592 MHz，采用自己计算的方法很麻烦，利用这个实用小工具就可以轻松得到。学习单片机的过程，网上很多这样类似的小工具，大家不妨慢慢地去收集，对以后的开发会有帮助。

图 6.1.6　51 初值设定

6.1.7　思考与扩展

　　(1) 输出 1 kHz 和 5 kHz 的音频信号驱动蜂鸣器，作为报警信号。要求 1 kHz 信号响 1 s，5 kHz 信号响 500 ms，交替进行。

　　(2) 按键控制蜂鸣器分别发出"1"(哆)、"2"(睐)、"3"(咪)、"4"(发)，数码管显示所演奏音符。

任务 6.2　10 s 倒计时

6.2.1　实验任务

　　利用单片机的定时器进行定时，实现在一位数码管上显示 10 s 倒计时。

6.2.2　实验目的

　　巩固定时器/计数器的基本使用。

6.2.3　实验硬件

　　实验硬件连接方法和项目三"数码管显示"实验连接方法相同。

6.2.4　实验相关理论

利用定时器/计数器时，当实际所需要确定的时间比定时器所能定时长的最大值还要大时，可以配合一个软件计数。如本任务中 1 s 显示的数码改变一次，显然 1 s 已经比定时器的最大时长要长，可以先利用定时器定时一个短一点的时间如 1 ms，然后这样重复 1000 次就是 1 s 了(当然还可以定一个别的时长)，本实验就是采用这个思路。

6.2.5　参考程序

参考程序如下：

```
#include <regx51.h>
#define uchar unsigned char
uchar code table[]={0xc0,0xf9,0xa4,0xb0,0x99,0x92,0x82,0xf8,0x80,0x90};
void   timer1s();                    //声明定时函数

void main()                          //主函数，程序从这里运行
{
    char i;
        while(1)
        {
            for(i=9;i>=0;i--)
            {
                P1 =table[i];        //从段码表中去段码并通过 P1 口输出
                timer1s( );          //调用定时函数，定时 1 s
            }
        }
}

/*定义定时时长为 1s 的定时函数
void   timer1s ()
{
    unsigned int i=0;
    TMOD=0x01;                       //设置定时器/计数器 0 工作于方式 1，用于定时
    TH0=(65536-1000)/256;            //设置定时器/计数器 0 的计数初值，以确定定时时间 1 ms
    TL0=(65536-1000)%256;
    TR0=1;                           //启动定时器
    while(i<1000)                    //时间 1 s 未到
     {
        while(TF0==0) ;              //判断定时时间 1 ms 到了没有，没有到则等待
```

```
            i++;                        //定时时间到，累加变量加 1
            TH0=(65536-1000)/256;       //重装计数初值
            TL0=(65536-1000)%256;
            TF0=0;                       //溢出标志清零
        }
    }
```

6.2.6 思考与扩展

尝试做 60 s 倒计时。

项目七

中 断 控 制

项目介绍

本项目包含两个项目任务：外部中断控制和定时器中断控制。外部中断和定时器中断都是 51 单片机中断来源。对它们的熟练处理，有助于增强系统的灵活性。通过两个项目任务的完成，可了解中断的基本概念，理解中断服务函数编写方法，以及外部中断、定时器中断控制方法。

任务 7.1 外部中断控制

7.1.1 实验任务

人工控制小灯。正常情况下，P1 口所接的 8 个 LED 灯单灯右移，S1 按键按下则 P1 口灯闪烁 5 次后，恢复中断前的状态，继续单灯右移。

7.1.2 实验目的

(1) 了解中断的基本概念；
(2) 理解外部中断控制方法；
(3) 理解中断服务函数的基本格式及编写方法；
(4) 初步掌握中断的应用。

7.1.3 实验硬件

实验硬件使用主控板上的单片机小系统和独立按键部分，其硬件电路如图 7.1.1 和图 7.1.2 所示。

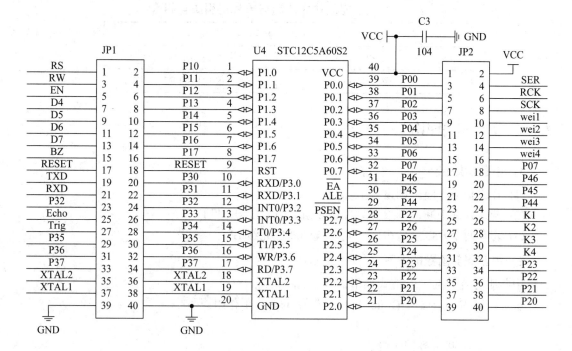

图 7.1.1　单片机小系统引脚分布连接图

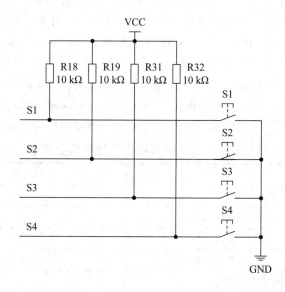

图 7.1.2　独立按键硬件电路图

连接主控模块上按键与主控模块的 I/O 引脚：选择一个按键(如 S1)与外部中断输入引脚(如 P3.3)相连，即 JP2 的右侧引脚 26 与 JP1 的左侧引脚用跳线相连，如表 7.1.1 所示。显示模块的发光管部分与主控模块的 I/O 引脚的连接以及电源的连接如前面的实验，在此不再赘述。

表 7.1.1　主控板独立按键与单片机引脚连接表

51 主控板	
JP2	JP1
26 脚(按键 S1)	26 脚(单片机的 P3.3 引脚)

7.1.4　实验相关理论

1. 中断初始化

(1) 开放相应中断，则设置 IE 的值；

(2) 若是外部中断，则设置外部中断触发方式(IT0、IT1)；

(3) 若有两个及以上的中断，则设置中断优先级 IP。

2. 中断服务函数的编写

中断服务函数的一般格式如下：

```
void 中断函数名()interrupt 中断号 using 工作组组号
{
    中断服务程序内容
}
```

中断函数不能返回任何值，所以最前面用 void；后面紧跟函数名，函数名可以任意起，但不要与 C 语言中的关键字相同，最好与当时的应用有关；中断函数并不传入参数，所以函数后面的小括号内为空；interrupt 为 C51 扩展的关键字，专门用于中断函数定义；中断号是指单片机中中断源的序号，各中断源与中断序号对应关系如表 7.1.2 所示；using 是 C51 扩展的关键字，用于定义 8051 的工作寄存器组，using 通常在中断服务函数定义时使用，可以为不同的中断服务函数指定不同的寄存器组，这样可以减少堆栈操作，提高程序运行效率；由于 Keil C51 的编译器可以自行进行变量空间的分配，初学者这部分可以省略。

表 7.1.2　中断源与中断序号对应关系表

中断源	中断序号
外部中断 0	0
T0(定时器/计数器 0 中断)	1
外部中断 1	2
T1(定时器/计数器 1 中断)	3
TI/RI(串行口中断)	4

在中断服务程序内容部分中，一般包括三部分：首先需要保护现场，然后是中断程序，最后中断返回时还需要恢复现场。

7.1.5　参考程序

实验参考程序如下：

```c
#include <reg51.h>

#define led P1
#define    uint unsigned int
#define uchar unsigned char

void delay(   );            //声明延时函数
void rightshift(   );        //声明右移函数


/*主函数*/
void main( )
{
    led=0xff;
    EA=1;                   //中断初始化
    EX1=1;
    IT1=1;
    while(1) rightshift();
}


/*外部中断服务函数*/
void int1 () interrupt 2
{
    unsigned char saveled,i;
    saveled=led;            //保护现场
    led=0xff;
    for(i=0;i<10;i++)       //中断处理，这里是灯闪 5 次
    {
        led=~led;
        delay();
    }
    led=saveled;            //恢复现场
}


/*实现单灯右移一次*/
void rightshift()
{
    uchar i,k;
```

```
        k=0x80;
        for(i=0;i<8;i++)
        {
            led=~k;
            delay( );
            k>>=1;
        }
    }


    /*延时函数*/
    void delay( )
    {
        uint i,j;
        for(i=0;i<550;i++)
        for(j=0;j<500;j++);
    }
```

7.1.6 思考与扩展

利用按键产生中断功能。按下 S1 或 S2，产生 INT0 或 INT1 的中断信号，迅速递增 1 或递减 1，并在两位数码管上显示。

当递增计数到 99 再加 1 时，数码管恢复成 00；当递减计数到 00 再减 1 时，数码管保持 00 不变。

功能：利用 INT0 INT1 的边沿触发中断方式，递增 1 或递减 1。

递增 1 时，数码管显示处迅速加 1。当 99 再加 1 时，数码管恢复成 00。

递减 1 时，数码管显示处迅速减 1。当 00 再减 1 时，数码管保持 00 不变。

设 S1 将 INT0 和地相连，每次按下 S1，就意味着 INT0 端口处有一次边沿触发方式的中断请求，数值递增。

设 S2 将 INT1 和地相连，每次按下 S2，就意味着 INT1 端口处有一次边沿触发方式的中断请求，数值递减。

任务 7.2　定时器/计数器中断控制

7.2.1 实验任务

利用单片机的定时器/计数器控制蜂鸣器发出一定的声音(如频率为 1 kHz 的嘀声)。

7.2.2 实验目的

(1) 巩固中断的控制方法；
(2) 掌握定时器/计数器中断使用。

7.2.3 实验硬件

本实验硬件电路以及硬件连接方法与项目 6 中的任务 6.1 中所使用硬件电路以及硬件连接方法相同。

7.2.4 参考程序

实验参考程序如下：

```
/*一定频率的声音(1 kHz)*/
#include<reg51.h>
sbit    beep=P1^7;
void main( )
  {
      TMOD=0x01;                    //T0 工作于方式 1，用于定时
      TH0=(65536-500)/256;          //设置定时器/计数器 0 的计数初值
      TL0=(65536-500)%256;
      TR0=1;                        //启动定时
      EA=1;                         //开放中断
      ET0=1;
      while(1) ;                    //等待
  }

/*定时器中断服务函数*/
void timer0 ( )   interrupt   1
{
    beep=!beep;                     //定时时间到波形取反
    TH0=(65536-500)/256;            //重置定时器/计数器 0 的计数初值
    TL0=(65536-500)%256;
}
```

7.2.5 思考与扩展

把任务 6.2 中的 10 s 倒计时，改造成使用中断实现。

项目八

单片机系统中的"通信与联络"

项目介绍

单片机应用系统通信联络是非常重要的，系统设备之间经常需要进行各种信息的交换。熟练地对单片机应用系统各设备通信的掌握是非常有必要。本项目包含两个项目任务：单片机之间双机通信；单片机与 PC 机之间的通信。通过两个项目任务的完成，理解 51 单片机的串口结构、工作方式、波特率设定、定时器初值的设定，掌握基本的串行通信方法。

任务 8.1   单片机之间双机通信

8.1.1 实验任务

在 2 个 51 单片机之间，通过其串行口实现双机通信，其中一方发送一组数据，另外一方接收数据并将接收到的数据使用发光管显示出来；发送一方每按一次键，向串口发送一次数据。

8.1.2 实验目的

(1) 了解 51 系列单片机串行口的结构；
(2) 了解 51 系列单片机串行口的工作方式；
(3) 理解波特率计算方法；
(4) 掌握串行通信方法。

8.1.3 实验硬件

两个单片机主板，其中一个为发送方，另外一个作为接收方，将双方的 RXD(P3.0)和 TXD(P3.1)交叉互连即可，硬件电路如图 8.1.1 所示。实物硬件连接如图 8.1.2 所示。

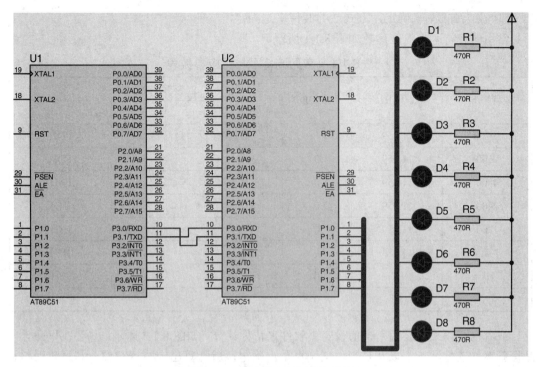

图 8.1.1　单片机双机通信电路图

图 8.1.2　单片机双机实物硬件连接图

8.1.4　实验相关理论

在串行通信中,收发双方对发送或接收的数据速率一定要有约定,这样才能正确的同步。双机或多机之间设置相同的数据传输速率,以保证数据发送方和数据接收方之间传递的数据准确无误,这个传输速率就是波特率,它代表每秒传输多少位数据,单位为 b/s。可通过软件对串行口编程设定。其中串行口的工作方式 1 和方式 3 的波特率是可变的,可用

T1 定时器的溢出率来确定，方式 2 的波特率是固定不变的。

常用的波特率与对应参数如表 8.1.1 所示。

表 8.1.1 常见波特率与对应参数表

波特率/bps	f_{etc} / MHz	SMOD	定时器 T1		
			C/$\overline{T}$	方式	重装值
19200	11.059	1	0	2	FDH
9600	11.059	0	0	2	FDH
4800	11.059	0	0	2	FAH
2400	11.059	0	0	2	F4H
1200	11.059	0	0	2	F8H
137.5	11.986	0	0	2	1DH
110	6	0	0	2	72H
110	12	0	0	1	FEEBH

或者也可以采用波特率初值设定小软件来帮你计算，如图 8.1.3 所示。只要在里面输入晶振频率，选好波特率以及是否倍增，再单击确定，就计算出定时器初值，并且将误差也算出来，很方便实用。

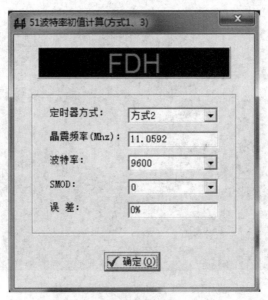

图 8.1.3 51 波特率初值计算界面

在选择波特率的时候需要考虑两点：首先，系统需要的通信速率。这要根据系统的运作特点，确定通信的速率范围。然后，考虑通信时钟误差。使用同一晶振频率时在选择不同的通信速率时通信时钟误差会有很大差别。为了通信的稳定，应该尽量选择时钟误差最小的速率进行通信。通常如果硬件允许，可以选择较高的通信速率。典型的，如果单片机的晶振频率为 11.0592 MHz，就可以选择 9600 bps。

由于四舍五入，波特率的结果会有微小误差。通常，在异步通信时，允许误差为 5%。使用 11.0592 MHz 晶振可以获得精确的波特率。

8.1.5 程序流程及参考程序

1. 软件设计

单片机双机通信软件设计分为接收方和发送方两个部分来进行，按照事先约定好的波特率来进行数据传递。

2. 流程图

(1) 发送方程序流程如图 8.1.4 所示。

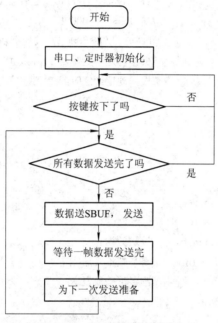

图 8.1.4 发送方程序流程图

(2) 接收方程序流程如图 8.1.5 所示。

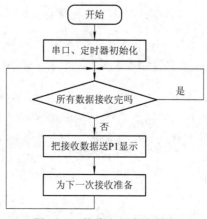

图 8.1.5 接收方程序流程图

3. 实验参考程序

(1) 发送方参考程序如下：

```c
#include<reg51.h>
unsigned char num1[ ]={0x7e, 0xbd, 0xdb, 0xe7, 0xdb, 0xbd};
sbit K1=P3^4;
void delay(int ms);

void main()
{
    unsigned char i;
    TMOD = 0x20;              //TMOD=0010 0000B，定时器 T1 工作于方式 2
    SCON = 0x40;              //SCON=0100 0000B，串口工作方式 1
    PCON = 0x00;              //PCON=0000 0000B，波特率 9600
    TH1 = 0xfd;              //根据规定给定时器 T1 赋初值
    TL1 = 0xfd;              //根据规定给定时器 T1 赋初值
    TR1 = 1;                 //启动定时器 T1
    while(1)
    {
        if(K1==0)
        {
            for(i = 0; i < 6; i++)
            {
                SBUF = num1[i];   //发送数据
                while(TI == 0);   //等待数据发送完毕
                TI = 0;           //准备下一次发送
                delay(400);
            }
        }
    }
}

void delay(int ms)
{
    int i,j;
    for(i = 0;i < ms; i++)
            for(j = 0;j < 120; j++);
}
```

(2) 接收方参考程序如下：

```c
#include<reg51.h>
void main(void)
```

```
    {
        TMOD = 0x20;              //定时器 T1 工作于方式 2
        SCON = 0x50;              //SCON=0101 0000B，串口工作方式 1，允许接收(REN=1)
        PCON = 0x00;              //PCON=0000 0000B，波特率 9600
        TH1 = 0xfd;               //根据规定给定时器 T1 赋初值
        TL1 = 0xfd;               //根据规定给定时器 T1 赋初值
        TR1 = 1;                  //启动定时器 T1
        while(1)
        {
            while(RI == 0);       //等待，直至一次数据接收完毕(RI=1)
            RI = 0;               //为了接收下一帧数据，需将 RI 清 0
            P1= SBUF;             //将接收缓冲器中的数据通过 P1 口显示出来
        }
    }
```

8.1.6　思考与扩展

(1) 在一块单片机主板上实现矩阵按键扫描，当扫描到有键按下时，将相应键值通过串口发送出去，另外一块单片机主板收到串口发送来的键值后，将对应键值再显示在数码管上。

(2) 一块单片机主板负责采集温度传感器数据，把数据传到另一块单片机主板上用 LCD 液晶屏显示出来。

任务 8.2　单片机与 PC 机通信

8.2.1　实验任务

单片机向 PC 机发送字符数据，用串口助手显示相应的字符数据。

8.2.2　实验目的

(1) 了解 51 系列单片机与 PC 之间通过串行口通信的方法；
(2) 了解串口调试工具的使用；
(3) 理解串行口中断的使用；
(4) 掌握串行口使用方法。

8.2.3　实验硬件

实验硬件电路如图 8.2.1 所示。

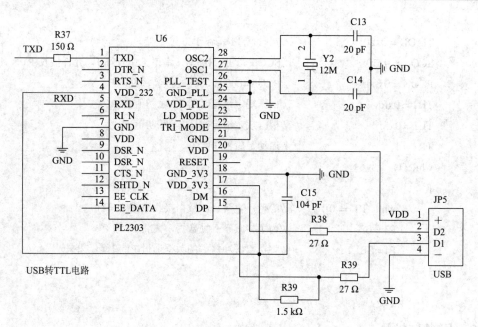

图 8.2.1　单片机与 PC 机通信实现 USB 转 TTL 的实验硬件电路

　　现在笔记本上很少带有串口了,而串口又是做电子设计必备的通信接口之一,好在 USB 转串口比较方便,市面上常用的 USB 转串口芯片有很多,最常见的有 FT232、PL2303、CH340 三种。本实验板采用的 PL2303 芯片,并安装相应的驱动。

8.2.4　程序框图及参考程序

1. 软件设计

　　软件主要有三大部分:对于串行口以及定时器 1 进行初始化;串行口中断处理(这里是发送完一帧数据就中断一次);主函数。

2. 流程图

　　单片机与 PC 机通信的程序流程如图 8.2.2 所示。

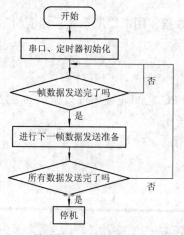

图 8.2.2　单片机与 PC 机通信的程序流程图

3．实验参考程序

实验参考程序如下：

```
#include<reg51.h>
unsigned char data1[]={"hello everyone"};    //定义要发送的数据，它将显示在电脑的
                                             //串口调试助手上
bit sent_over;                               //定义一个本次字符是否已经发送完毕的标志位

void serial_timer1_init()                    //串口及定时器 1 的初始化函数
{
    SCON=0x40;                               //串口工作方式 1，只发送不接收数据
    PCON=0x00;                               //不倍增
    ES=1;                                    //开串口中断
    EA=1;                                    //开总中断
    TMOD=0x20;                               //定时器工作方式 2，8 位自动重装
    TH1=0xfd;                                //初值为 0xfd，波特率 9600
    TL1=0xfd;
    TR1=1;                                   //开定时器 1
}

void serial_ISR()    interrupt 4            //串口中断服务函数，每发送完一个字符
{                                            //就会中断一次
    TI=0;                                    //TI=0，为下一次发送字符数据作准备
    sent_over=1;                             //本次字符已经发送完毕，标志位置 1
}                                            //使下一次发送字符能够进行

void main()
{
    serial_timer1_init();
    sent_over=1;                             //置为 1，使第一次发送字符能够进行
    while(1)
    {
        static unsigned char i=0;            //定义一个静态局部变量，便于在 data1 中取出字符
        if(sent_over==1)                     //如果为 1，说明本次字符已经发送完毕，可以进行
        {                                    //下个字符发送了
            SBUF=data1[i];                   //发送字符
            sent_over=0;                     //清 0，等字符发送完毕，在中断里再重新置 1
            if(data1[i]!='\0')               //如果整个字符数组还没发送完，就继续发送
                i++;
            else while(1);                   //如果整个字符数组发送完了，就使单片机停下来
        }
    }
}
```

8.2.5　实验现象观察

对单片机与 PC 机之间的通信实验现象的观察，可以利用串口调试助手或者 STC 的下载软件也自带有串口助手功能来实现。在这里采用 STC 的下载软件中自带有串口助手功能实现。

首先把程序下载到实验板中。然后打开下载软件，如图 8.2.3 所示，其中界面右侧有"串口助手"选项卡。

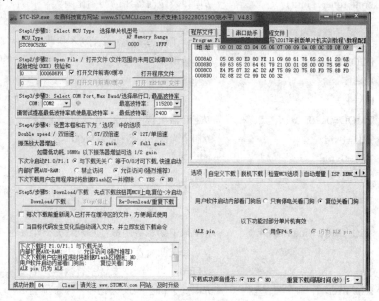

图 8.2.3　STC-ISP 下载软件界面

单击"串口助手"选项卡，即可打开"串口助手"界面，如图 8.2.4 所示。

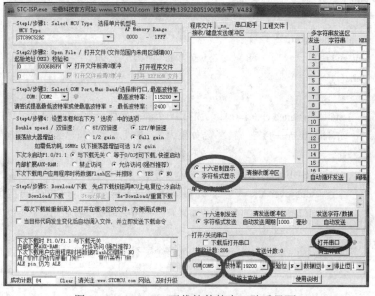

图 8.2.4　STC-ISP 下载软件的串口助手界面

在串口助手界面中，进行下述设置：

(1) 在打开/关闭串口选项下，在 COM 口列表框里选择自己实验板所连接电脑的对应串口，如本次实验板连接的 COM2 口。

(2) 在打开/关闭串口选项下，设置自己通信程序中的波特率，如本次程序中设置的波特率为 9600，就在相应位置设为 9600。

(3) 在打开/关闭串口选项下，打开串口，准备接收数据。

(4) 在接收/键盘发送缓冲选项下，有显示方式的选择，按照程序的实际情况可选择"十六进制显示"/"字符格式显示"。程序中发送的字符格式，所以选择"字符格式显示"。

其余的设置可按默认。设置完成后，界面如图 8.2.5 所示。

图 8.2.5　串口助手设置完成的界面

设置好后，按动复位按键，让单片机重新执行程序，这时串口助手的接收缓冲区会看到一条程序中发送的"hello everyone"，这就说明串口发送程序成功了，如图 8.2.6(a)所示。当然，每按一次复位按键，接收缓冲区都会收一条，如图 8.2.6(b)所示。

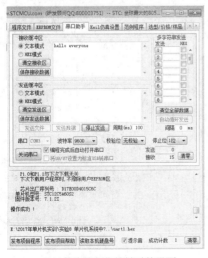

(a) 单次按复位按键时的界面

(b) 多次按复位按键的界面

图 8.2.6　串口助手模拟 PC 机接收数据的界面

8.2.6 思考与扩展

(1) 如何实现 PC 向单片机发送信息，并且在单片机端的液晶屏上显示出来呢？

(2) 如何实现单片机与 PC 机互发信息呢？

项目九

综合应用——可调节数字钟

项目介绍

经过前面的学习，相信大家对单片机系统各模块有了基本认识与理解，本项目将把前面的内容进行综合，实现一个可调节的数字钟。本项目中包含数码管、按键、定时器/计数器以及中断控制等多个方面的内容，有助于大家把前面的内容综合起来完成一个实际的小项目。

任务 9.1　可调节数字钟

9.1.1　实验任务

设计一个可调节的 60 s 计时的数字钟；每按一次按键 S1，数字加 1；每按一次按键 S2，数字减 1；每按一次按键 S3，数字清零；每按一次按键 S4，实现启/停转换。

9.1.2　实验目的

掌握数码管、按键、定时器/计数器以及中断控制等的综合应用。

9.1.3　实验硬件

实验硬件选用单片机的主控板上按键单元和显示模块上的数码管。按键单元与 51 主控板、51 主控板与显示模块的数码管单元之间的连线关系如表 9.1.1 所示。

表 9.1.1　各模块电路的连线表

51 主控板	显示单元	51 主控板	51 主控板的按键单元
单片机引脚 P0.0～P0.7	P3 的 D1～D8	P3.2～P3.5	S1～S4
单片机引脚 P2.0～P2.1	P6 的 wei1～wei2		
电源端子的 V5.0	+5 V		
电源端子的 GND	GND		

9.1.4 参考程序

参考程序如下：

```
#include<reg51.h>
#define uchar unsigned char
#define uint unsigned int
#define data P0                        //数码管段码接口

/*定义数码管的位选信号接口*/
sbit wei1 = P2^0;
sbit wei2 = P2^1;

/*定义按键的接口*/
sbit key1= P3^2;
sbit key2= P3^3;
sbit key3= P3^4;
sbit key4= P3^5;

uchar code table[]={
    0xc0,0xf9,0xa4,0xb0,0x99,
    0x92,0x82,0xf8,0x80,0x90};      //共阳数码管的段码

void delayms(uintxms);               //延时函数
uchar numt0,num;                     //定义全局变量

/*定义两位数码管的显示函数*/
void display(uchar numdis)
{
    uchar shi,ge;                    //定义两位数的十位和个位
    shi=numdis/10;
    ge=numdis%10;

    data=table[shi];
    wei1 = 0;
    delayms(5);
    wei1 = 1;

    data=table[ge];
```

```
            wei2 = 0;
            delayms(5);
            wei2 = 1;
    }


/*定义延时函数*/
void delayms(uint xms)
  {
    char j,k;
    for(j=xms;j>0;j--)
       for(k=125;k>0;k--);
  }


/*定时器/计数器初始化函数*/
void timerinit()
{

        TMOD=0x11;
        TH0=(65536-45872)/256;          //定时器/计数器初值
        TL0=(65536-45872)%256;
        EA=1;                           //开放总中断
        ET0=1;                          //开放定时器/计数器 0 的中断
}



/*键盘处理函数*/
void keyscan()
{
        if(key1==0)                     //判断 key1 是否按下
        {
            delayms(10);                //延时去抖
            if(key1==0)                 //再次判断 key1 是否按下
            {
                num++;                  //加 1
                if(num==60)             //加到 60 了吗
                    num=0;              //是就从 0 开始
                while(!key1);
            }
        }
```

```
        if(key2==0)                          //判断 key2 是否按下
        {
            delayms(10);
            if(key2==0)
            {
                if(num==0)
                    num=60;
                num--;                       //减 1
                while(!key2);

            }
        }
        if(key3==0)                          //判断 key3 是否按下
        {
            delayms(10);
            if(key3==0)
            {
                num=0;                       //清零
                while(!key3);
            }
        }
        if(key4==0)                          //判断 key4 是否按下
        {
            delayms(10);
            if(key4==0)
            {
                while(!key4);
                TR0=~TR0;                    //启动/停止计数模式切换
            }
        }
    }

void main()
{
    timerinit();                             //定时器/计数器初始化
    while(1)
    {
        keyscan();                           //键盘处理
        display(num);                        //数字显示
```

```
        }
    }

/*定时器/计数器 0 的中断服务函数*/
void T0_time() interrupt 1
{
    TH0=(65536-45872)/256;
    TL0=(65536-45872)%256;
    numt0++;
    if(numt0==20)                         //1 s 时间到了吗
    {
        numt0=0;
        num++;
        if(num==60)
            num=0;
    }
}
```

9.1.5 思考与扩展

设计一个可调数字钟：具有完整时分秒；界面使用 LCD 液晶显示；使用按键进行时间调整：每按一次按键 S1，数字加 1；每按一次按键 S2，数字减 1；每按一次按键 S3，数字清零；每按一次键 S4，实现启/停转换。

项目十

四轮运动小车控制

项目介绍

在本项目中包含电机控制、循迹控制、超声波综合运用等任务。该项目分成三个任务，分别是：任务 10.1 让小车动起来，电机的控制，小车前进、后退、左转、右转、小车车速的调节；任务 10.2 让小车按照规定线路运动，小车利用循迹模块识别黑色线，按照程序中设定的路线前行；任务 10.3 让小车学会躲避障碍，小车利用超声波模块测量障碍物的距离，找出行驶最佳路线。

任务 10.1   让小车动起来

10.1.1   实验任务

让小车动起来：小车前进、后退、左转、右转、调速。

10.1.2   实验目的

(1) 理解直流减速电机控制的原理；
(2) 掌握直流电机 LM298 控制电机转动的方法；
(3) 理解脉冲宽度调制 PWM 控制直流电机速度。

10.1.3   实验硬件

本项目需要用到一台智能四驱小车，在做本项目之前，将智能小车组装起来。

1. 智能小车电源与电机驱动

智能小车电源与电机驱动版实物如图 10.1.1 所示，原理如图 10.1.2 所示。它利用电机驱动芯片 L298 能控制两路直流电机，LM2596 开关电压调节器是降压型电源管理单片集成电路，最大能够输出 3A 的驱动电流，同时具有很好的线性和负载调节特性。

图 10.1.1 电源及电机驱动板实物图

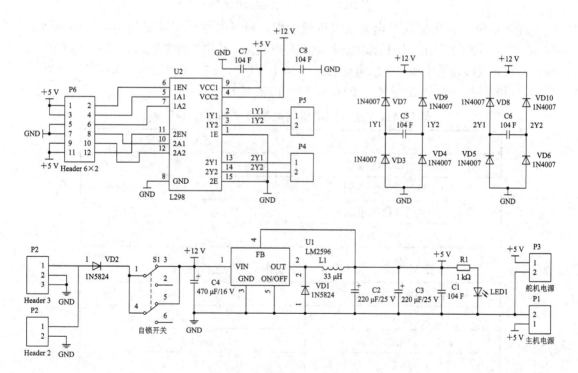

图 10.1.2 电源及电机驱动板原理图

该驱动板有两种电源输入接口，1 个 12 V 电源输入和 1 个 12 V 锂电池输入接口，电源输入时接口二选一即可。目的主要是为了增强驱动板的扩展性。驱动板还有 5 V 输出口，有两路电机接口；电机控制接口，是用来控制接入的直流电机正反转和转动速度的。

2. 智能小车组装

智能小车底板与电机安装连线如图 10.1.3 所示。小车车盘底下四个电机，左右侧两电机：正极与正极用红色线相连、负极与负极用黑色线相连。左侧红色线接电源及电机驱动板的 1Y1，黑色线接电源及电机驱动板的 1Y2；右侧红色线接电源及电机驱动板的 2Y1，黑色线接电源及电机驱动板的 2Y2。

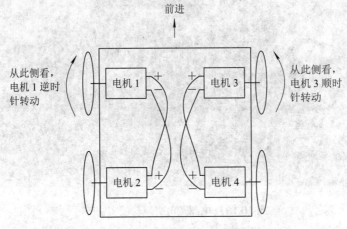

图 10.1.3　小车电机接线示意图

智能小车 51 主控板与电源及电机驱动板，电源及电机驱动版与电机之间连线如表 10.1.1 和 10.1.2 所示。用杜邦线连接电源及电机驱动板电机控制端口与 51 主控板的 P1 端口；用防反线连接电源及电机驱动板的 +5 V 电压输出与 51 主控板的电源端子；51 主控板上，用短接帽短接 P2.7 与 K1、P2.6 与 K2、P2.5 与 K3。

表 10.1.1　左右侧电机与电源及电机驱动板连线

电　　机	电源及电机驱动板
左电机红色线(正极)	1Y1
左电机黑色线(负极)	1Y2
右电机红色线(正极)	2Y1
右电机黑色线(负极)	2Y2

表 10.1.2　电源及电机驱动板与 51 主控板连线表

电源及电机驱动板	51 主控板
2EN	P1.4
2A2	P1.5
2A1	P1.2
1EN	P1.3
1A2	P1.1
1A1	P1.0
电压输出端子+5 V	电源端子

小车连接实物图如图 10.1.4 所示。

图 10.1.4　小车连接实物图

10.1.4　实验相关理论

让小车动起来，需要了解小车的直流减速电机、电机驱动电路、PWM 调速等相关理论知识。

1．直流减速电机简介

直流减速电机，即齿轮减速电机，是在普通直流电机的基础上，加上配套齿轮减速箱。齿轮减速箱的作用，提供较低转速，较大的力矩；齿轮减速箱不同的减速比可以提供不同的转速和力矩。

2．直流电机驱动电路简介

直流电机驱动电路的核心部分为 H 桥，所谓"H 桥"，是其电路画出来很像字母 H，故得名。直流电机的方向转换需要改变电机供电的极性，一般供电是单电源，需要通过电子开关切换实现极性转换。

直流电机驱动主要关注两部分：一是 H 桥电路，二是 PWM 信号。前者控制其工作的状态，后者改变供给电机的功率。

直流电机驱动电路中的核心芯片为 L298。L298 是一个高电压、高电流双全桥驱动，被设计成能接受 TTL 逻辑电平，而且能驱动感性负载，例如继电器、直流电机、步进电机等等。提供了两个独立于输入端的使能输入端来启用或禁用设备。每一桥晶体管的发射极相连在一起，相应的外部端子可用于连接外部检测电阻。其引脚示意如图 10.1.5 所示，对应功能如表 10.1.3 所示。

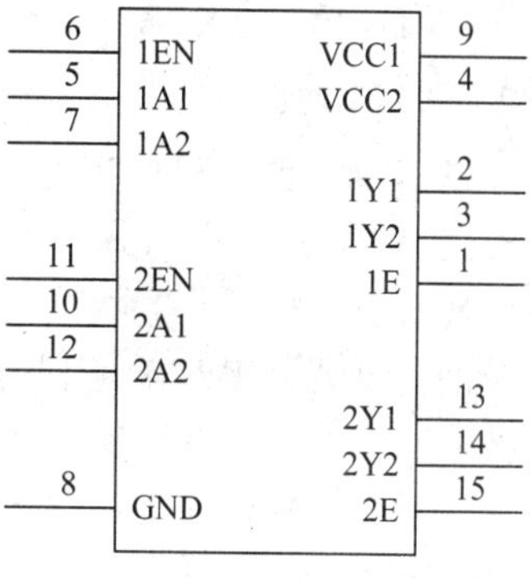

图 10.1.5　L298 引脚示意图

表 10.1.3 L298 引脚功能表

管脚号	名 称	功 能
1;15	1E 2E	该管脚与 GND 之间连接了一个检测电阻,以便控制负载电流
2;3	1Y1 1Y2	电桥 A 输出端;两个管脚之间连接的负载,上面流过的电流,被管脚 1 监测着
4	VCC2	为功率输出阶段提供电压(动力电源)。该管脚与 GND 之间,必须连接一个 100 nF 的电容
5;7	1A1 1A2	电桥 A 兼容 TTL 电平输入端
6;11	1EN 2EN	电桥 A、B 兼容 TTL 电平使能端,低电平使电桥 A、B 不工作
8	GND	接地端
9	VCC1	为逻辑单元提供电压(逻辑电源)
10;12	2A1 2A2	电桥 B 兼容 TTL 电平的输入端
13;14	2Y1 2Y2	电器 B 兼容 TTL 电平的输出端。两个管脚之间连接的负载,上面流过的电流,被 15 号管脚监测着

L298N 双向直流电机控制时,L298N 的逻辑功能如表 10.1.4。

表 10.1.4 L298 逻辑功能

输 入		功能
Ven=1	IN1=1; IN2=0	正转
	IN1=0; IN2=1	反转
	IN1=2N2	快速停止
Ven=0	IN1=X; IN2=X	停止

注意:正对着电机的安装轴端面,逆时针方向旋转称为电机的正转;顺时针方向旋转称为电机的反转。电源及电机驱动电路板上与输出端子连接的四个二极管作用是:因为直流电机是感性负载,当电机或换向时,会产生与原电源电压极性相反的、幅值高出多倍的反向感生电动势,如果不加释放就会击穿控制芯片内部电路。加了二极管后感生电动势使二极管导通,释放了电能量,起到了保护作用。

3. PWM 调速

通过 H 桥电路,可以实现电机的正、反转及惰行、刹车控制,但要改变电机的转速,还需要使用 PWM 控制方式,改变供给电机的功率。简单的 PWM 就是断续供电,改变通、断时间比改变电机得到的能量。

脉冲宽度调制 PWM 是利用微处理器的数字输出来对模拟电路进行控制的一种非常有效的技术,广泛应用在测量、通信、功率控制与变换的领域中。

在直流电机控制驱动中,半导体功率器件(L298)在使用上可以分为两种方式:线性放大驱动方式和开关驱动方式。

开关驱动方式是使半导体功率器件工作在开关状态,通过 PWM 来控制直流电机的电压,从而实现直流电机转速的控制。

当 L298 的输入端 1A1=1，1A2=0 时，使能端 1EN 端输入如图 10.1.6 所示信号。当使能端 1EN 输入信号为高电平时，开关管导通，直流电机两端有电压 U；当 t_1 秒之后，驱动信号为低电平，开关管截止，直流电机两端电压为零。则直流电机两端电压平均值 $U_{\circ} = \dfrac{(t_1 \times u)}{t_1 + t_2} = \dfrac{(t_1 \times u)}{T} = D \times u$，式中 D 为占空比，$D = \dfrac{t_1}{T}$，表示在一个周期 T 里开关管导通的时间与周期的比值。D 的变化范围为 $0 \leqslant D \leqslant 1$。当电源电压 U 不变时，输出电压 $U_{\circ}$ 取决于占空比 D 的大小，改变 D 值也就改变了输出电压的平均值，从而达到控制直流电机转速的目的，即实现 PWM 调速。

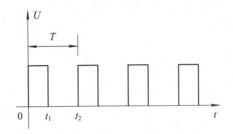

图 10.1.6　L298 使能端输入信号波形

在 PWM 调速时，占空比 D 是一个重要的参数。改变占空比的方法有定宽调频法、调宽调频法和定频调宽法等。在单片机 PWM 调速中，常采用定频调宽法，即同时改变 t_1 和 t_2，周期 T 保持不变。

直流电机脉宽调制是一种使用程序来控制波形占空比、周期、相位波形的技术。通过对一系列脉冲的宽度进行调制，来等效获得所需的波形。通过脉冲宽度调制，来控制直流电机的电压，从而实现电动机转速的控制。

4. STC12C5A60S2 系列单片机 PCA/PWM 应用

STC12C5A60S2 系列单片机集成了两路可编程计数器阵列(PCA)模块，PCA 有一个特殊的 16 位定时器/计数器，2 个 16 位的捕获/比较模块与之相连，其结构如图 10.1.7 所示。

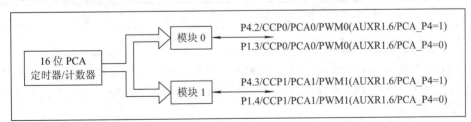

图 10.1.7　PCA 模块结构

每个模块可编程工作在 4 种模式下：上升/下降沿捕获、特殊定时器、高速输出和脉宽调制(PWM)输出。

STC12C5A60S2 系列：模块 0 连接到 P1.3/CCP0(可切换到 P4.2/CCP0)，模块 1 连接到 P1.4/CCP1(可切换到 P4.3/CCP1)。

1) 与 PCA/PWM 应用有关的特殊功能寄存器

(1) CMOD：PCA 工作模式寄存器，如表 10.1.5 所示。

表 10.1.5　PCA 工作模式寄存器

SFR name	Address	bit	B7	B6	B5	B4	B3	B2	B1	B0
CMOD	D9H	name	CIDL	—	—	—	CPS2	CPS1	CPS0	ECF

CIDL：空闲模式下是否停止 PCA 计数的控制位。当 CIDL=0 时，空闲模式下 PCA 计数器继续工作；当 CIDL=1 时，空闲模式下 PCA 计数器停止工作。

CPS2、CPS1、CPS0：PCA 计数脉冲源选择控制位。PCA 计数脉冲源选择如表 10.1.6 所示。

表 10.1.6　PCA 计数脉冲源选择

CPS2	CPS1	CPS0	选择 PCA/PWM 时钟源输入
0	0	0	0，系统时钟，SYSclk/12
0	0	1	1，系统时钟，SYSclk/2
0	1	0	2，定时器 0 的溢出时钟。由于定时器 0 可以工作在 1T 模式，所以可以达到计一个时钟就溢出，从而达到最高频率 CPU 工作时钟 SYSclk。通过改变定时器 0 的溢出率，可以实现可调速率的 PWM 输出
0	1	1	3，ECI/P1.2(或 P4.1)脚输入的外部时钟(最大速率=SYSclk/2)
1	0	0	4，系统时钟，SYSclk
1	0	1	5，系统时钟/4，SYSclk/4
1	1	0	6，系统时钟/6，SYSclk/6
1	1	1	7，系统时钟/8，SYSclk/8

(2) CCON：PCA 控制寄存器，如表 10.1.7 所示。

表 10.1.7　PCA 控制寄存器

SFR name	Address	bit	B7	B6	B5	B4	B3	B2	B1	B0
CCON	D8H	name	CF	CR	—	—	—	—	CCF1	CCF0

CF：PCA 计数器阵列溢出标志位。当 PCA 计数器溢出时，CF 由硬件置位。如果 CMOD 寄存器的 ECF 位置位，则 CF 标志可用来产生中断。CF 位可通过硬件或软件来置位，但只可通过软件清零。

CR：PCA 计数器阵列运行控制位。该位通过软件置位，用来启动 PCA 计数器阵列计数。该位通过软件清零，用来关闭 PCA 计数器。

CCF1：PCA 模块 1 中断标志。当出现匹配或捕获时该位由硬件置位。该位必须通过软件清零。

CCF0：PCA 模块 0 中断标志。当出现匹配或捕获时该位由硬件置位。该位必须通过软件清零。

(3) CCAPM0：PCA 模块 0 比较/捕获寄存器，如表 10.1.8 所示。

表 10.1.8　PCA 模块 0 比较/捕获寄存器

SFR name	Address	bit	B7	B6	B5	B4	B3	B2	B1	B0
CCAPM0	DAH	name	—	ECPM0	CAPP0	CAPN0	MAT0	TOG0	PWM0	ECCF0

ECPM0：允许比较器功能控制位。当 ECPM0=1 时，允许比较器功能。

CAPP0：正捕获控制位。当 CAPP0=1 时，允许上升沿捕获。

CAPN0：负捕获控制位。当 CAPN0=1 时，允许下降沿捕获。

MAT0：匹配控制位。当 MAT0=1 时，PCA 计数器值与模块的比较/捕获寄存器的值匹配，将置位 CCON 寄存器的中断标志位 CCF0。

TOG0：翻转控制位。当 TOG0=1 时，工作在 PCA 高速输出模式，PCA 计数器值与模块的比较/捕获寄存器值匹配将使 CEX0 脚翻转(CEX0/PCA0/PWM0/P1.3 或 CEX0/PCA0/PWM0/P4.2)。

PWM0：脉宽调节模式。当 PWM0=1 时，允许 CEX0 脚用作脉宽调节模式(CEX0/PCA0/PWM0/P1.3 或 CEX0/PCA0/PWM0/P4.2)。

ECCF0：使能 CCF0 中断。使能寄存器 CCON 的比较/捕获标志位 CCF0，用来产生中断。

(4) CCAPM1：PCA 模块 1 比较/捕获寄存器如表 10.1.9 所示。

表 10.1.9　PCA 模块 1 比较/捕获寄存器

SFR name	Address	bit	B7	B6	B5	B4	B3	B2	B1	B0
CCAPM1	DBH	name	—	ECPM1	CAPP1	CAPN1	MAT1	TOG1	PWM1	ECCF1

CCAPM1 各位的功能与 CCPAM0 类似，PCA 模块 1 的 CEX1 脚(CEX1/PCA1/PWM1/P1.4 或 CEX1/PCA1/PWM1/P4.3)。

(5) PCA 寄存器。

CL：PCA 的 16 位寄存器低 8 位，CL 地址为 E9H，复位值为 00H，用来保存 PCA 的装载值。

CH：PCA 的 16 位寄存器高 8 位，CH 地址为 F9H，复位值为 00H，用来保存 PCA 的装载值。

(6) PCA 捕捉/比较寄存器。

CCAPnL：PCA 捕捉/比较寄存器低 8 位。

CCAPnH：PCA 捕捉/比较寄存器高 8 位。

当 PCA 模块用于捕获或比较时，它们用于保存各个模块的 16 位捕捉计数值；当 PCA 模块用于 PWM 模式时，它们用来控制输出的占空比。其中，n=0、1，分别对应模块 0 和模块 1 复位值均为 00H。

(7) PCA_PWM0：PCA 模块 0 的 PWM 寄存器，如表 10.1.10 所示。

表 10.1.10　PCA 模块 0 的 PWM 寄存器

SFR name	Address	bit	B7	B6	B5	B4	B3	B2	B1	B0
PCA_PWM0	F2H	name	—	—	—	—	—	—	EPC0H	EPC0L

EPC0H：在 PWM 模式下，与 CCAP0H 组成 9 位数。

EPC0L：在 PWM 模式下，与 CCAP0L 组成 9 位数。

(8) PCA_PWM1：PCA 模块 1 的 PWM 寄存器，如表 10.1.11 所示。

表 10.1.11　PCA 模块 1 的 PWM 寄存器

SFR name	Address	bit	B7	B6	B5	B4	B3	B2	B1	B0
PCA_PWM1	F3H	name	—	—	—	—	—	—	EPC1H	EPC1L

EPC1H：在 PWM 模式下，与 CCAP1H 组成 9 位数。

EPC1L：在 PWM 模式下，与 CCAP1L 组成 9 位数。

(9) AUXR1：辅助寄存器 1，如表 10.1.12 所示。

表 10.1.12　辅 助 寄 存 器

SFR name	Address	bit	B7	B6	B5	B4	B3	B2	B1	B0
AUXR1	A2H	name	—	PCA_P4	SPI_P4	S2_P4	GF2	ADRJ	—	DPS

PCA_P4：将单片机的 PCA/PWM1 功能从 P1 口设置。当 PCA_P4=0 时，默认 PCA 在 P1 口；当 PCA_P4=1 时，PCA/PWM 从 P1 口切换到 P4 口，ECI 从 P1.2 切换到 P4.1 口，PCA0/PWM0 从 P1.3 切换到 P4.2 口，PCA1/PWM1 从 P1.4 切换到 P4.3 口。

2）PWM 模式结构图

STC12C5A60S2 系列单片机的 PCA 模块可以通过程序设定，使其工作于 8 位 PWM 模式。PWM 模式结构图如图 10.1.8 所示。

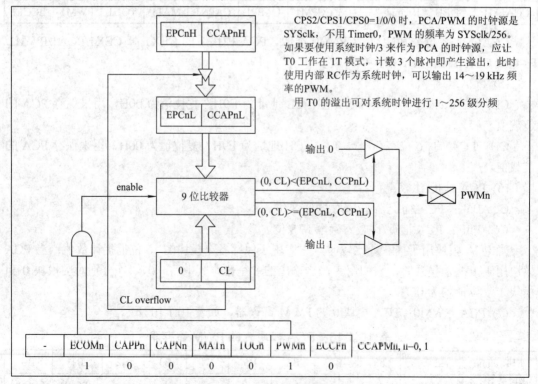

图 10.1.8　PWM 模式结构图

　　两个 PCA 模块都可以用作 PCA 输出，输出频率取决于 PCA 定时器的时钟源。由于两个模块共用仅有的 PCA 定时器，所以它们的输出频率相同。各个模块的输出占空比是独立变化的，与使用的捕获寄存器[EPCnL，CCAPnL]有关(EPCnL 中的字母 n 表示数字 0 或者 1，EPC0L 表示模块 0 的寄存器，EPC1L 表示模块 1 的寄存器，下文中寄存器中的小写字母 n 含义与之相同)。

　　当寄存器 CL(PCA 的 16 位计数器低 8 位)的值小于[EPCnL，CCAPnL]时，输出为低；当寄存器 CL 的值等于或大于[EPCnL，CCAPnL]时，输出为高。

　　当 CL 的值由 FF 变为 00 溢出时，[EPCnH，CCAPnH]的内容装载到[EPCnL，CCAPnL]中，就能无干扰地更新 PWM。

　　要使用 PWM 模式，CCAPMn 寄存器的 PWMn 和 ECOMn 位必须置位。

　　由于 PWM 是 8 位的，所以 PWM 的频率=PCA 时钟输入源频率/256。

10.1.5　程序框图及参考程序

1. 程序功能及流程图

　　程序功能为：上电按下主控板上的按键 S1，小车启动，小车先前进一段距离、后退一段距离、左转一段时间、右转一段时间，接着小车停止。

　　按下主控板上的按键 S2，可以增大 PWM 的占空比(高电平持续时间增加)，小车速度加快。按下主控板上的按键 S3，可以减小 PWM 的占空比(高电平持续时间减小)，小车速度减慢。

　　图 10.1.9 为实现上述功能的程序流程图。

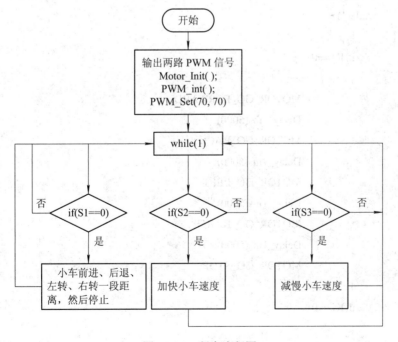

图 10.1.9　程序流程图

2. 参考程序分析

在 main.c 文件中，首先包含需要用到的头文件，包含头文件之后 main.c 就可以引用这些头文件中已经声明的函数。Main 函数中，Motor_Init() 首先是电机初始化，使电机停止运转。PWM_int()单片机内置 PCA/PWM 的初始化，将输出的 PWM 频率为 7.2 kHz；PWM_Set(70,70)设置 PWM 波形的占空比。在 while 循环中，依次实现 S1、S2、S3 的功能。

参考程序如下：

```
#include "common.h"
#include "motor.h"
#include "STC12C5A60S2_PWM.h"
#include "delay.h"
#include "uart.h"
/*
        按下 S1，小车启动；
        按下 S2，调高小车速度；
        按下 S3，调低小车速度；
*/
void main(void)
{
Motor_Init();
PWM_int();
PWM_Set(70,70);
while(1)
    {
        if(K1==0)
        {
                MOTOR_GO_FORWARD;
                Delay_1ms(5000);
                MOTOR_GO_BACK;
                Delay_1ms(5000);
                MOTOR_GO_LEFT
                Delay_1ms(5000);
                MOTOR_GO_RIGHT;
                Delay_1ms(5000);
                MOTOR_GO_STOP;
        }
        if(K2==0)
        {
                Delay_1ms(10);
                PWM_Set(50,50);
```

```
        }else if(K3==0)
        {
                Delay_1ms(10);
                PWM_Set(100,100);     //wemti
        }
    }
}
```

Motor_Init()函数体在文件 motor.c 文件中(可将鼠标放在 Motor_Init()，点击鼠标右键选择 GO To Definition Of 'Motor_Init'或按下键盘上的 F12，可查看 Motor_Init()的函数体)，函数功能是让左右电机上电停止。

```
/**电机初始化**/
void Motor_Init(void)
{
    MOTOR_A_EN=0;
    MOTOR_B_EN=0;
    MOTOR_GO_STOP;
}
```

PWM_int()输出两路 PWM，且 PWM 频率为 7.2 kHz。

```
void PWM_int()
{
    CMOD=0X0C;//CIDL，空闲模式下 PCA 计数器继续工作，PCA 计数脉冲选择 SYSclk/6，
        则 PWM 的频率为(11.0592×10⁶)÷(6×256)=7.2 kHz
CL=0x00;        //PCA 计数器值清零
CH=0x00;
/*PWM0 相关寄存器设置*/
PCA_PWM0=0X00;
CCAPM0=0x42; //ECOM0=1；PWM0=1；允许比较器功能，允许 CEX0 脚用作脉宽调节模式

/*PWM1 相关寄存器设置*/
PCA_PWM1=0x00;
CCAPM1=0X42; //ECOM1=1；PWM1=1；允许比较器功能，允许 CEX1 脚用作脉宽调节模式

CR=1;
}
```

PWM 输出波形占空比的设置，通过下列函数来实现。

```
void PWM_Set(unsigned char PWM0_DATA,unsigned char PWM1_DATA)
{
    CCAP0L=PWM0_DATA;//装入比较初值
    CCAP0H=PWM0_DATA;
```

```
CCAP1L=PWM1_DATA;//装入比较初值
CCAP1H=PWM1_DATA;
}
```

当寄存器CL(PCA 的 16 位计数器低 8 位)的值小于[EPCnL，CCAPnL]时，PWM 输出为低；当寄存器CL 的值等于或大于[EPCnL，CCAPnL]时，PWM 输出为高。

当CL 的值由 FF 变为 00 溢出时，[EPCnH，CCAPnH]的内容装载到[EPCnL，CCAPnL]中，这样就能无干扰地更新 PWM。

程序中管脚定义：

```
sbit MOTOR_A_CON1=P1^0;
sbit MOTOR_A_CON2=P1^1;
sbit MOTOR_A_EN   =P1^3;
sbit MOTOR_B_EN   =P1^4;
sbit MOTOR_B_CON1=P1^2;
sbit MOTOR_B_CON2=P1^5;
```

如果按照前述方法观察左右侧电机的旋转方向，可以得出如表 10.1.13 所示的左右侧电机的旋转方向。正对着电机的安装轴端面，逆时针方向旋转称为电机的正转；顺时针方向旋转称为电机的反转。根据这条规则可以得出表中小车动作时，左右电机是是正转还是反转的。接着根据 L298 的逻辑功能表(表 10.1.4)，可以得出，小车前进、后退、左转、后退、停止等动作，控制引脚的电平。

表 10.1.13　左右侧电机旋转方向

小车动作	前进	后退	左转	右转
左侧两电机旋转方向	逆时针(正转) MOTOR_A_CON1=1; MOTOR_A_CON2=0;	顺时针(反转) MOTOR_A_CON1=0; MOTOR_A_CON2=1;	顺时针(反转) MOTOR_A_CON1=0; MOTOR_A_CON2=1;	逆时针(正转) MOTOR_A_CON1=1; MOTOR_A_CON2=0;
右侧两电机旋转方向	顺时针(反转) MOTOR_B_CON1=0; MOTOR_B_CON2=1;	逆时针(正转) MOTOR_B_CON1=1; MOTOR_B_CON2=0;	顺时针(反转) MOTOR_B_CON1=0; MOTOR_B_CON2=1;	逆时针(正转) MOTOR_B_CON1=1; MOTOR_B_CON2=0;

可以得出小车前进、后退、左转、右转、停止等动作的宏定义如下：

```
#define MOTOR_GO_FORWARD {MOTOR_A_CON1=1;MOTOR_A_CON2=0;
    MOTOR_B_CON1=0;MOTOR_B_CON2=1;}  //车体前进
#define MOTOR_GO_BACK   {MOTOR_A_CON1=0;MOTOR_A_CON2=1;
    MOTOR_B_CON1=1;MOTOR_B_CON2=0;}  //车体后退
#define MOTOR_GO_LEFT   {MOTOR_A_CON1=1;MOTOR_A_CON2=0;
    MOTOR_B_CON1=1;MOTOR_B_CON2=0;}  //车体左转
#define MOTOR_GO_RIGHT   {MOTOR_A_CON1=0;MOTOR_A_CON2=1;
    MOTOR_B_CON1=0;MOTOR_B_CON2=1;}  //车体右转
#define MOTOR_GO_STOP {MOTOR_A_CON1=0;MOTOR_A_CON2=0;
    MOTOR_B_CON1=0;MOTOR_B_CON2=0;}  //车体停止
```

10.1.6　思考与扩展

1.　知识思考

(1) 直流电机主要有哪些参数？

(2) 写出 L298 的逻辑功能表。

(3) 正对着电机的安装轴端面，逆时针方向旋转称为电机的正转还是反转？

(4) STC12C5A60S2 系列单片机与 PCA/PWM 应用有关的特殊功能寄存器有哪些？

(5) 如果要求 PWM 频率为 38 kHz，选择 SYSclk 为 PCA/PWM 时钟输入源，求出 SYSclk 的值。

2.　项目训练

请根据图 10.1.9 提示的程序流程图及部分代码，建立完整的 Keil 项目与代码。

任务 10.2　让小车按照规定路线运动(循迹模块控制)

10.2.1　实验任务

让小车按照规定路线运动(循迹模块控制)。

10.2.2　实验目的

(1) 理解循迹模块检测黑色线的原理；

(2) 掌握单片机处理循迹模块采集数据、控制小车动作的方法；

(3) 掌握单片机按照规定路线行走的程序处理方法。

10.2.3　实验硬件

八路循迹模块实物如图 10.2.1 所示。

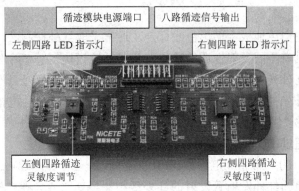

图 10.2.1　八路循迹模块实物

实物连接如图 10.2.2 所示，循迹板上电源 VCC、GND 接上 51 主控板上的电源端子的 V5.0、GND，八路循迹信号输出 out1～out8，这 8 根线与 51 主控板上的 P0 的 8 位 I/O 口相连。循迹板与 51 主控板连线如表 10.2.1 所示。

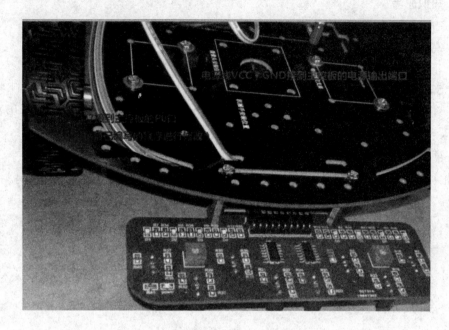

图 10.2.2　循迹板与 51 主控板连线

表 10.2.1　循迹板与 51 主控板连线表

八路循迹板	51 主控板
out1～out8	P0.0～P0.7
VCC	电源端子的 V5.0
GND	电源端子的 GND

10.2.4　实验相关理论

循迹是指小车在白色地板上循黑色线行走，通常采取红外探测法，利用了红外线在不同颜色的物体表面具有不同反射性质的特点。八路循迹模块在小车行驶过程中不断地向地面发射红外光，当红外光遇到白色纸质地板时，发生漫反射，反射光被红外接收管接收；如果遇到黑线则红外光被吸收，红外接收管接收不到红外光。单片机根据是否收到反射回来的红外光来确定黑线的位置和小车的行走路线。红外探测器探测距离有限，一般最大不应超过 15 cm。

八路循迹模块中的一路循迹电路如图 10.2.3 所示，当红外探测传感器 U2 探测到黑线时，红外探测器上的红外发射管发射的红外线被黑线所吸收，则红外探测器 U2 上的红外接收管接收到的红外线减少，导致 U1A 的 5 脚电压比 4 脚电压低，使得 out1 输出低电平。

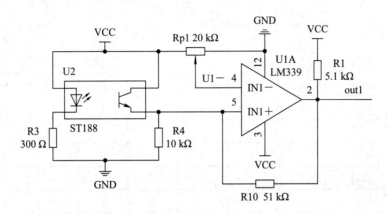

图 10.2.3　一路循迹电路

八路循迹板上的 LED 灯与其控制端口对应关系为：VD1～VD8 对应 out8～out1，如图 10.2.4 所示。

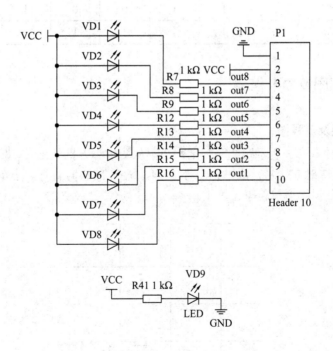

图 10.2.4　八路循迹接口

当 out1 输出低电平时，VD8 点亮。从以上分析可得出结论：循迹板遇到黑线时，循迹板对应 LED 灯点亮；遇到空白时，循迹板对应 LED 灯熄灭。由此可以得到小车动作与循迹板各灯之间的对应关系，如表 10.2.2 所示。

表 10.2.2　小车动作与循迹板各灯之间的对应关系

小车动作	LED	循迹板左侧 4 盏 LED				循迹板右侧 4 盏 LED			
		VD8	VD7	VD6	VD5	VD4	VD3	VD2	VD1
	P0 口状态	P0.0	P0.1	P0.2	P0.3	P0.4	P0.5	P0.6	P0.7
小车右转	0x1F	1	1	1	1	1	0	0	0
	0x2F	1	1	1	1	0	1	0	0
	0x3F	1	1	1	1	1	1	0	0
	⋮								
	0xEF	1	1	1	1	0	1	1	1
小车左转	0xf1	1	0	0	0	1	1	1	1
	0xf2	0	1	0	0	1	1	1	1
	0xF3	1	1	0	0	1	1	1	1
	⋮								
	0xFE	0	1	1	1	1	1	1	1
小车直行	0xE7	1	1	1	0	0	1	1	1
小车停止	0xFF	1	1	1	1	1	1	1	1

10.2.5　程序框图及参考程序

1. 程序功能及流程图

小车按照如图 10.2.5 所示路线路行走，小车从图中小方框处出发，依次循着黑线经过路口号 1、3、5、7 时左转弯，经过路口号 2、4、6、8 路口时直行。小车走完 1 圈之后，重复上述过程，直到给小车断电才停止。

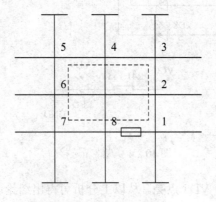

图 10.2.5　小车行走路线示意图

小车按照规定路线运动的程序流程如图 10.2.6 所示，单片机根据循迹 IO 端口 P0 的值，来确定小车的动作，根据路口编号来执行相应的任务。

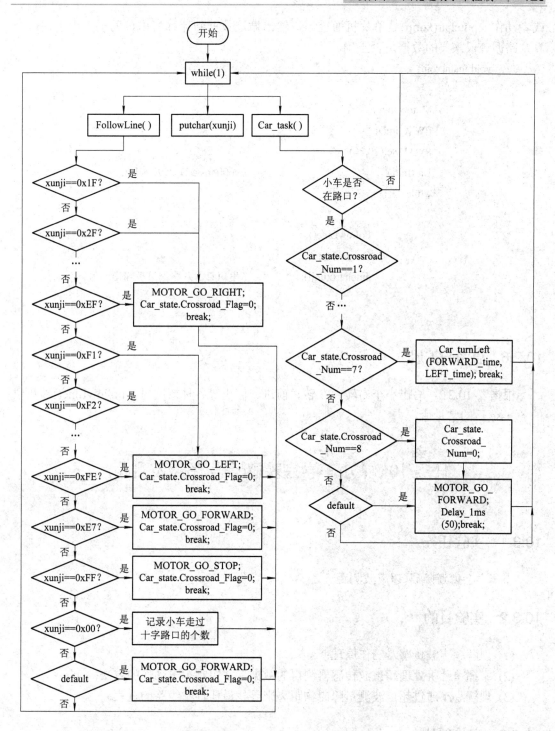

图 10.2.6　小车按照规定路线运动流程

2. 参考程序分析

main 函数先对 PWM 初始化、串口初始化，输出两路 PWM。while 循环里 FollowLine()
函数处理循迹数据，控制小车运动方向；Car_task()函数是小车在各个十字路口的执行任务或者动作；putchar(xunji)是单片机通过串口输出循迹数据到计算机串口助手，用于调试查看八路循迹板采集的数据是否正确。

```
void main(void)
{
        Motor_Init();
        PWM_int();
        PWM_Set(70,70);
        UartInit();                            //9600bps@11.0592 MHz
        while(1)
           {
                   FollowLine();
                   Car_task();
                   putchar(xunji);            //串口查看八路循迹板输出的值
           }
}
```

10.2.6 思考与扩展

根据表 10.2.2，写出小车右转、左转、前进、停止等各种情况时，FollowLine()函数中的各 case 后的常量值。

任务 10.3   小车学会躲避障碍(超声波测距)

10.3.1   实验任务

小车学会躲避障碍(超声波测距)。

10.3.2   实验目的

(1) 理解超声波传感器工作原理；
(2) 掌握单片机处理超声波传感器测得的数据，并控制小车动作的方法；
(3) 理解小车通过超声波测量障碍物距离来寻找最佳行驶线路的过程。

10.3.3   实验硬件

1. 超声波传感器

超声波传感器实物如图 10.3.1 所示，VCC 供 5 V 电源，GND 为地线；TRIG 触发控制信号输入，ECHO 为回响信号输出。

+5 V
触发信号输入
回响信号输出
GND

图 10.3.1 超声波传感器实物

超声波安装在小车上的位置，如图 10.3.2 所示。

图 10.3.2 超声波安装在小车上的位置

10.3.4 实验相关理论

超声波测距传感器是利用超声波的特性研制而成的传感器。超声波是一种振动频率高于声波的机械波，由换能晶片在电压的激励下发生振动产生。它具有频率高、波长短、绕射现象小，特别是方向性好、能够成为射线而定向传播等特点。

HC-SR04 超声波测距模块的超声波时序如图 10.3.3 所示，采用 I/O 口 TRIG 触发测距，给最少 10 μs 的高电平信号；模块自动发送 8 个 40 kHz 的方波，自动检测是否有信号返回；有信号返回，通过 I/O 口 ECHO 输出高电平，高电平持续的时间 T 就是超声波从发射到返回的时间。测量距离 = (高电平时间 × 声速)/2，其中声速为 340 m/s。

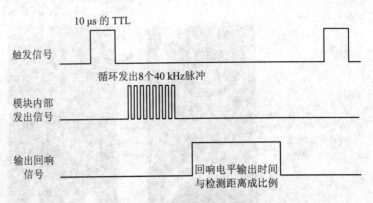

图 10.3.3 超声波时序图

只需要提供一个 10 μs 以上脉冲触发信号，该模块内部将发出 8 个 40 kHz 周期方波并检测回波。一旦检测到有回波信号则输出回响信号，回响信号的脉冲宽度与所测距离成正比。由此通过发射信号到收到回响信号时间间隔可以计算得出距离。

以系统时钟作为时钟源进行计数，来测量高电平持续的时间。当触发信号发送完成后，单片机循环检测回响信号，当回响信号上升为高电平时，启动定时器 T1，T1 开始对高电平持续时间计数；单片机继续循环检测回响信号，当回响信号下降为低电平时，T1 停止计数。这样 T1 中的计数值即为高电平的持续时间。

10.3.5 程序框图及参考程序

1. 程序功能及流程图

如图 10.3.4 所示为小车超声波避障的程序流程，小车上电，开始执行超声波避障，左右扫描选出最佳行车路线。

2. 参考程序分析

根据超声波避障程序流程图来编写参考程序。在 main.c 文件中，先对电机控制模块、内部 PWM 初始化；串口初始化为 9600 bps；将定时器 1 设置成工作模式 1，16 位计数器，定时器时间为 60 ms，允许定时器 1 中断，打开总中断。

在 while 循环中，开启超声波避障程序 Ultra_check()。

```
void main(void)
{
    Motor_Init();
    PWM_int();
    PWM_Set(70,70);
    UartInit();         //9600bps@11.0592MHz
    Timer1_init(T1MODE, TIMER1_REGULAR,DISADLE);    //定时器 1 工作在模式 1,
    16 位定时器时间 60 ms, 计数使能
    ET1= 1 ;
    EA = 1 ;
```

```
while(1)
{
        Ultra_check();
        printf("测得的距离为%4.1f\r\n",distance);
}
}
```

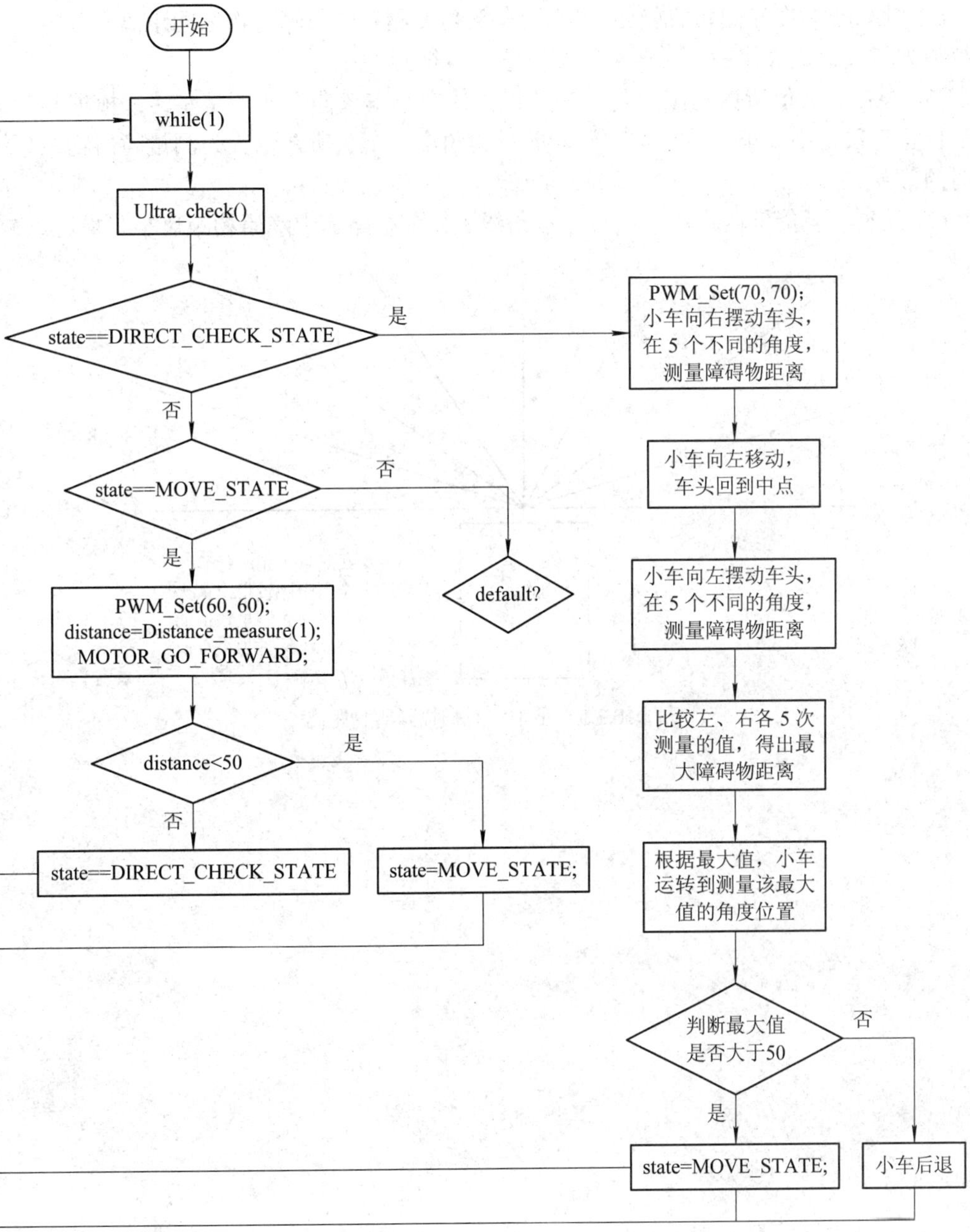

图 10.3.4　超声波避障程序流程图

函数 Ultra_check()执行过程如下：

(1) 小车先向右摆动车头，在 5 个不同车头角度测量小车与障碍物之间的距离，车头所在位置在右侧 4 点，如图 10.3.5 所示。

(2) 接着小车左转回到中点 0，车头位置在 0 点，如图 10.3.5 所示。

(3) 小车向左摆动车头，在 5 个不同车头角度测量小车与障碍物之间的距离，车头所在位置在左侧 4 点。

(4) 小车向右摆动车头，回到中点 0。

(5) 比较小车在左侧和右侧 5 个不同车头角度测量的与障碍物之间距离，确定障碍物距离最大值及该最大值是在哪一个角度位置测量得到。

(6) 根据最大值所属左侧还是右侧数组，决定小车该向右转还是左转；根据测量最大值的位置，决定小车车头转动的时间，即转动角度。车头所在位置为测量障碍物距离最大值时的位置。

(7) 这样，就能够确定小车前行最佳路线了，前行路途中障碍物距离小车最远。

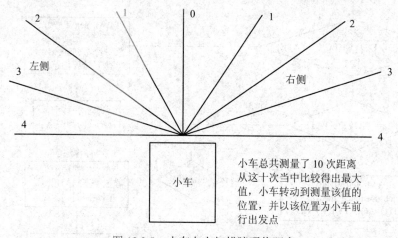

图 10.3.5　小车左右扫描障碍物距离

参 考 文 献

[1] 王静雯. 单片机基础与应用(C 语言版). 北京：高等教育出版社，2017.

[2] 李庭贵，龙舰涵. C51 单片机应用技术项目化教程. 北京：机械工业出版社，2014.

[3] 杜树春. 基于 Proteus 和 KeilC51 的单片机设计与仿真. 北京：电子工业出版社，2012.

[4] 范红刚，杜林娟. 51 单片机自学笔记. 北京：北京航空航天大学出版社，2013.

[5] 郭天祥. 新概念 51 单片机 C 语言教程. 北京：电子工业出版社，2011.

[6] 张毅刚，彭喜元，彭宇. 单片机原理及应用. 2 版. 北京：高等教育出版社，2010.